Advantest群马R&D中心　生境全景

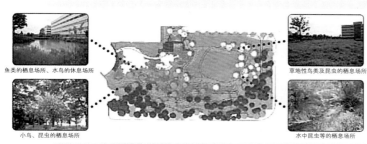

鱼类的栖息场所、水鸟的休息场所

小鸟、昆虫的栖息场所

草地性鸟类及昆虫的栖息场所

水中昆虫等的栖息场所

Advantest群马R&D中心　平面图

U0382742

（株）Denso善明制作所　生境全景

（株）大和"大和生境园"生境全景

新梅田city"新·里山"从山村的梯田到山村深处，遥望小小守镇之林

难波公园 "Parks Garden" 主入口

Sun Court砂田桥
生境全景

Sun Court砂田桥　用地总平面图

Green Plaza云雀之丘南　水循环系统图

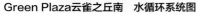

Green Plaza云雀之丘南屋顶生境

Cent Varie樱堤
生境

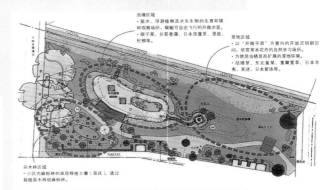

池塘区域
· 挺水、浮游植物及水生生物的生育环境
和观察场所，蜻蜓可自由飞行的开敞水面。
· 眼子菜、长苞香蒲、日本辉蓬草、浸藻、
杞柳等。

草地区域
· 以"开敞平原"为意向的开放式明朗空
间，欣赏草本花卉的自然学习场所。
· 为使昆虫栖息而扩展的草地环境。
· 结缕草、东北堇菜、重瓣萱草、日本辛
夷、莫迷、日本紫珠等。

杂木林区域
· 小区内麻栎林的表层移植土壤（苗床），通过
栽植苗木再现麻栎林。

Cent Varie樱堤　平面图

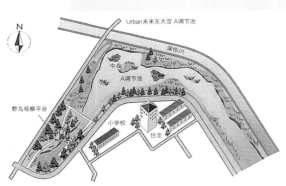

Urban未来东大宫"深作多功能戏水池"
A调节池总平面图

Urban未来东大宫"深作多功能戏水池"
A调节池与水中小岛

Urban Bio川崎 1号楼屋顶生境

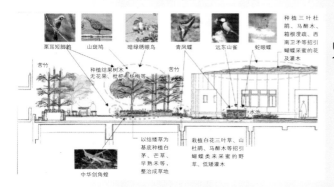

栗耳短脚鹎　山斑鸠　暗绿绣眼鸟　青凤蝶　远东山雀　蛇眼蝶

种植三叶杜鹃、马醉木、箱根溲疏、西南卫矛等招引蝴蝶采蜜的花及灌木

苦竹　种植结果树木无花果、枇杷、杨梅等　苦竹

水池

以结缕草为基底种植白茅、芒草、旱熟禾等，整治成草地

栽植白花三叶草、山杜鹃、马醉木等招引蝴蝶类来采蜜的野草、低矮灌木

中华剑角蝗

Urban Bio川崎
1号楼屋顶生境剖面图

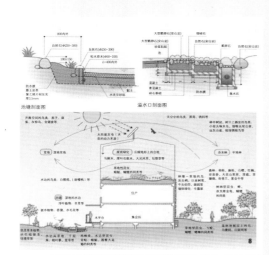

池塘剖面图　溢水口剖面图

Lebens garten山崎　环保园剖面图

Lebens garten山崎
环保园

UR城市机构技术研究所"环境共生实验小院"
环境共生小院全景

埼玉县环境科学国际中心"生态园"生态园

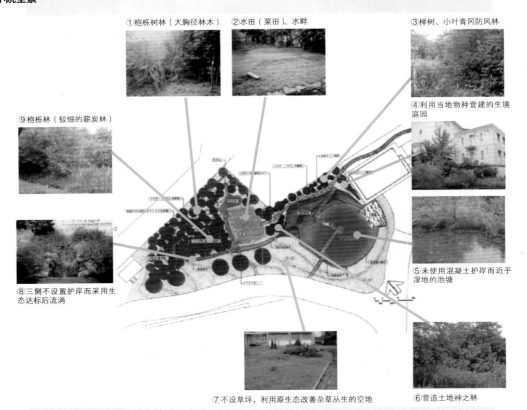

①枹栎树林（大胸径林木）　②水田（菜田）、水畔　③榉树、小叶青冈防风林

④利用当地物种营建的生境庭园

⑨枹栎林（较细的薪炭林）

⑤未使用混凝土护岸而近乎湿地的池塘

⑧三侧不设置护岸而采用生态达标后流淌

⑥营造土地神之林

⑦不设草坪，利用原生态改善杂草丛生的空地

UR城市机构技术研究所"环境共生实验小院"生境平面图

东京燃气（株）环境能源馆"屋顶生境"

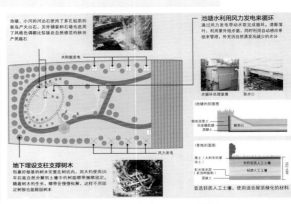

东京燃气（株）环境能源馆"屋顶生境"平面图

滩浜Science scare　生境全景

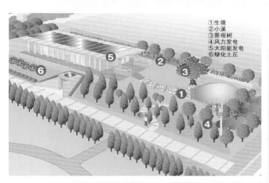

①生境
②小溪
③景观树
④风力发电
⑤太阳能发电
⑥绿化土丘

滩浜Science scare　用地总平面图

千叶县印西市小仓台小学校　生境

丸池之里　小河

丸池之里　平面图

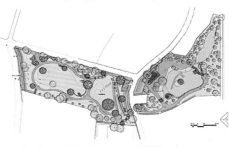

群马昆虫之林　生态池

群马昆虫之林　平面图

国营昭和纪念公园杂木林

曳舟川亲水公园"青鳉鱼小径"　竣工后

自然循环型环境设计

利用水与绿化再生地区环境

［日］一般社团法人 **日本建筑学会** 编　金华 译

中国建筑工业出版社

著作权合同登记图字：01—2013—8049号

图书在版编目（CIP）数据

自然循环型环境设计——利用水与绿化再生地区环境／日本建筑
学会编；金华译. —北京：中国建筑工业出版社，2017.12
（建筑理论·设计译丛）
ISBN 978-7-112-21188-3

Ⅰ.①自⋯　Ⅱ.①日⋯ ②金⋯　Ⅲ.①环境设计　Ⅳ.①TU-856

中国版本图书馆CIP数据核字（2017）第220004号

Original Japanese edition
Shizen Jyunkangata Kankyou no Sekkei - Mizu to Midori niyoru Chiiki no Saisei -
Edited by Architectural Institute of Japan (Ippan Shadan Houjin Nihon Kenchiku Gakkai)
Copyright © 2012 by Architectural Institute of Japan (Ippan Shadan Houjin Nihon
Kenchiku Gakkai)
Published by Ohmsha, Ltd.
This Chinese Language edition published by China Architecture & Building Press
Copyright © 2017
All rights reserved.
本书由日本欧姆社授权我社独家翻译、出版、发行

责任编辑：刘文昕　兰丽婷
责任校对：李欣慰　芦欣甜

建筑理论·设计译丛
自然循环型环境设计——利用水与绿化再生地区环境
　[日]一般社团法人　日本建筑学会　编
　金华　译
　　＊
中国建筑工业出版社出版、发行（北京海淀三里河路9号）
各地新华书店、建筑书店经销
北京锋尚制版有限公司制版
北京市密东印刷有限公司印刷
　　＊
开本：787×1092毫米　1/16　印张：11　插页：4　字数：246千字
2017年11月第一版　2017年11月第一次印刷
定价：**49.00元**
ISBN 978 - 7 - 112 - 21188 - 3
　　　（30826）
版权所有　翻印必究
如有印装质量问题，可寄本社退换
（邮政编码100037）

前　言

　　营造自然循环型环境是保护生物多样性、构筑循环型社会和低碳社会等创建关爱环境的社会所不可或缺的一个要素，迄今为止，我们已经尝试着开发了诸多方法。在1992年举行的地球问题首脑会议（可持续发展问题世界首脑会议）上签署了气候变化和生物多样性公约后，带动了1993年环境标准法的实施和1994年环境基本规划策略的制定。而对于建筑等具体的开发产物的普及则始于1990年代的后半期，经过15年的努力，取得了一些成果和课题。在1997年第三届联合国气候变化框架条约各国政府首脑会议及2010年生物多样性条约第十次各国政府首脑会议之后，这一问题已到了众所周知的状态。

　　在这一背景下，本书围绕关于营造自然循环型环境规划设计的诸多事项，归纳总结了与水环境、资源、能源以及生物多样性有关的课题。同时从实践的角度介绍了利用水和绿化带动地域再生的自然再生、生境营造以及作为要素来使用的水景设施的相关规划设计事项等方面的优秀案例，以力图启发和普及自然循环型环境设计。

　　本书积累了十多年的研究成果，主要读者对象以建筑设计师、建筑设备设计师为首，包括业主、政府相关行政人员、建筑和园林等领域的管理人员，以及学习建筑、土木、园林、环境学的学生们，提供了如何将建筑及地区中的人工环境转变成自然循环型环境的秘诀。特别是案例分析的章节中所列举出来的实例，大多都是从竣工后开始，历经漫长岁月的考验而积累获得的宝贵经验。也特别希望读者们能带着本书到书中所列举的各个案例中亲自体验，实际感受一下自然循环型环境，能为您所在的对象区域的再生发挥作用。

日本建筑学会　环境工学委员会

水环境运营委员会　建筑自然循环类营造小委员会

主审　小濑　博之

2012年6月

目　录

I. 规划篇

II. 设计篇

Ⅲ. 案例篇

I. 规划篇

第1章　循环型体系与环境共生

1.1　建筑的要求事项
1.2　城市的环境与建筑的关系
1.3　从地球/城市环境角度看街区/建筑周边的循环型体系
1.4　生物多样性
1.5　节省资源、能源
1.6　废弃物必须与水同时考虑

第2章　循环型体系下的水环境规划

2.1　城市水环境中的建筑定位
2.2　水资源、水利用系统
2.3　水的功与过

第3章　生境的形态与作用

3.1　建筑外部空间中水与绿化的形态
3.2　建筑外部空间中水与绿化的作用

第4章　循环型社会背景下的城市自然再生

4.1　自然再生的定义
4.2　谋求自然再生的基础知识
4.3　自然再生的实际操作

第 1 章
循环型体系与环境共生

地球环境正面临着全球变暖、资源浪费及生态系统危机等诸多问题。这些地球环境问题，是21世纪人类需要面对的重大课题。日本政府所制定的21世纪环境立国战略中[1]，提出了如图1.1所示的以"低碳社会"、"循环型社会"、"自然共生社会"为基本框架，通过推进和统合这三种社会来共同克服地球环境的危机，完成可持续型社会的发展目标。为确保实现社会的可持续性发展，结合日本"环境立国·日本"的强项，该战略制定了有效发挥"自然共生的智慧与传统"、"世界最尖端的环境、能源技术"、"克服公害的经验"、"富有意念和能力的优秀人才"等内容。

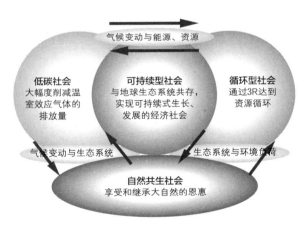

图1.1　三种社会与统合关系

低碳社会、循环型社会、自然共生社会这三种社会的统合组群中，实现低碳社会和有效利用有限的资源，也就是说达到循环型社会标准（3R：reduce、reuse、recirle；从大量生产/消费/废弃的社会中脱离出来），是当前为解决全球性环境问题而制定的"内外一体"的机制。为解决这些问题，应准确把握这两项课题的现状，要从我们的个人、组织机构、地区等诸多立场和角度做正确应对。

在以形成可持续发展社会为目的的第1、2次循环型社会的形成和推进的基本规划[2,3]中，已设定了相应的数值目标，包括：以环保为前提形成的循环型社会，循环型社会与低碳社会、自然共生社会的整合，构建有助于地区再生的"地区循环圈"及物质流通指标和取用组合指标，且这些都已取得了一定的成果。但是，在第3次环境基本规划的重点政策领域中，也就是如图1.2、图1.3所示的，如果细数一下全球变暖问题、构筑物质循环与循

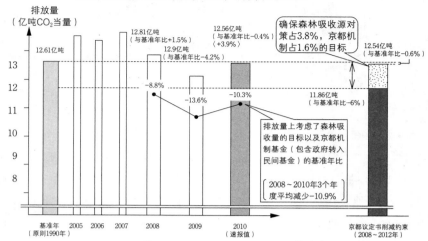

图1.2　日本温室效应气体的排放量

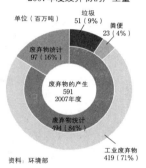

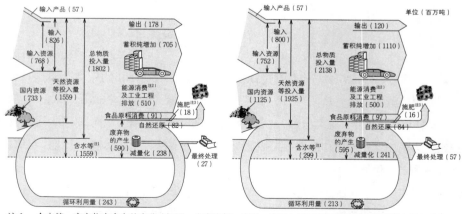

注1：含水等：废弃物中含有的水分（污泥、家畜粪便、废酸、废碱）以及伴随经济活动附带掺入的土砂等
　　（矿业、建筑业、自来水管道工程的污泥及矿业的矿砂）
注2：能源消费及工业工程排放：工业产品在制造过程中，对包含原材料在内的水分等蒸发扩散的推算。
注3：施肥：肥料撒放后，在实际中并非蓄积，而是在土壤中慢慢分解，因此特意去掉蓄积纯增加。
资料来源：环境部"第二次循环型社会性推进基本规划的进展状况之第二次检测结果"。

图1.3　日本物质流通与废弃物等的产生量

环型社会、环保中确保健康水循环的组合方式等相关状况的话，则在整合低碳社会并进一步推动循环型社会的形成方面，就会出现以下不可避免的情况：

- 天然资源枯竭的悬念与废弃物终端处理场所的紧迫；
- 二氧化碳等具有温室效应的气体排放导致全球变暖；
- 伴以农田焚烧、资源劫取、肆意开发而导致对环境的破坏。

下面提炼出几个主要课题进行一一考察：

（1）构建地区循环圈

- 构建可保障资源有效利用及实现3R的组织、与地域特色相协调的最佳地区循环圈；
- 培育能奠定地区循环圈的基础人才，形成网络关系，保障雇佣关系，再生/创建地区组织。

（2）改变生活方式

- 以"不浪费"为基本原则，改变人们铺张浪费、废弃型的生活方式。

（3）树立实现环境与经济良性循环的生活消费观

- 形成以器具/家电/食品/建设/车辆回收、绿色环保购买等循环型社会体系为基准的活动方式。

（4）低碳技术/系统式开发与普及，并确保其正确处理

- 缩减天然资源的投入量，有效利用再生能源中的太阳光、风力，开发可降低温室效应气体排放的技术，促进高科技技术的推广和普及；
- 控制废弃物的排放，确保安全有效的终端处理场所。

（5）构筑国际性（特别是亚洲圈）的循环型社会

- 以贸易往来频繁的东亚为中心，构筑国际性的循环型社会（3R倡议）。

为创建低碳社会和循环型社会，考虑上述各项内容，采取准确的应对和确实有效的活动是必不可少的。与这些内容有密切联系的建筑环境规划设计方面的相关事项，将有针对性地在1.1～1.3节的自然共生型社会和1.4节中一一详述。

1.1　建筑的要求事项

1.1.1　建筑的全寿命周期与环境保护、风险管理的基本策略

建筑的全寿命周期对环境的影响不容忽视。也就是说，要以资源无法随意使用和废弃、建材对人身体造成伤害问题以及爱惜生态系统等时代意识为前提，对建筑的调查、设计、资源材料的调配、施工、运输、拆毁等各个阶段进行准确的环保风险评估，要采用对环境有利的应对措施。关联性较强的事项有削减LCCO$_2$（节省能源）、节省资源、对削减化学性物质的恰当管理及保护/修复生态系统等功能。

例如，必须要考虑延长建筑的寿命及所需的相应材料和材料的再资源化利用，也就是

削减废弃物排放等问题。另外，建筑内部必不可少的空调、照明等方面的节能、水资源的有效利用、排水以及污浊负荷的最小化等方面也是非常重要的。

另外，开发/再开发自然较为丰富的地区时，也应以遵循保护或修复周边环境和生态系统为原则去开展规划设计。同时，利用屋顶/外墙体的绿化、用地范围内营建水体与绿化的融合空间等方法，促进绿化网络的形成，在防止城市气温上升、大气污染等方面，也起到了改善城市环境的作用。

此外，近几年，制造、使用各种化学物质的工场或企业，由于生产操作不规范或事故等造成化学物质泄漏而导致土壤、地下水受到污染等问题不断出现，已成为一个严重的社会问题。这些有害化学物质所造成的污染给人们的健康和生活环境带来极大的影响，不能掉以轻心，在发生关闭工场、变更土地用途或拆毁建筑等情况时，应对污染产生与否做相关调查，同时要在各项必要措施实施以后再展开建设。

1.1.2 调查—设计—施工—运营使用—拆毁—再回收

以下就建筑的全寿命周期内（图1.4），针对考虑环境以及环境风险管理的事项进行详解。

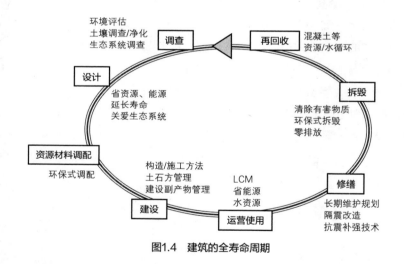

图1.4 建筑的全寿命周期

（1）**调查：环境评估、生态系统调查、土壤调查与净化**

在建设时期的调查阶段，应掌握该用地及其周边环境的特征，准确应对典型的7项公害项目、改变土地的最小限度及对自然环境的关爱。另外，如前所述，对该用地的利用历史、工场中有害化学物质的生产和使用状况等应做充分的调查，确认是否会有土壤、地下水污染，在实施恰当的措施之后，再推进下一项工程（设计/建设等）。

（2）**设计：节能设计、节省资源/节水设计、延长寿命设计、考虑生态系统的设计**

在设计阶段，要考虑建筑全寿命周期内的节能性（强密闭、高隔热）及高效的可再生能源（太阳能、风能等）的利用、对建筑周边的生态系统影响度最小化等诸项措施。在建筑运营使用阶段，应综合分析水利用、排水及废弃物不断增加等问题，以协调城市基础配套设施之间的关系为原则，导入建筑标准/地区标准的排水再利用/雨水利用系统及节水器具，推动废弃物的回收等。

（3）资源材料调配：环保式调配

搭建建筑所用的资源材料，应选用有害化学物质含量少、耐久性高的材料，这既能保护建设施工者们的健康，也能预防居住后的空气污染。另外，在设计阶段，应选择/采用在建筑物拆毁后也可再回收使用的材料，这也是非常重要的。

（4）建设：各种施工构造方法、土石方工程的正确管理、建设副产品的管理

在建设阶段，比如可以采用无模板施工法，这在建设时对资源、能源使用量及对环境影响度都较小。考虑采用不易产生建设副产品的施工方法或材料。

（5）运营使用：生命周期管理、延长建筑寿命、省能源/省资源技术

建筑的运营使用，应在设计阶段就充分做好建筑物使用特性的对比分析，尽量结合实际状况做好能源、水利用/再利用等方面的资源管理。即使建筑本身采用了节能对策，但若不能配合实际使用状况去实施正确的运营措施，同样也达不到节能的目的。

（6）修缮：长期维护规划、隔震改造、抗震补强

对于长期使用的建筑而言，对建设、运营开始之后的使用状况、建筑的劣化程度应做出适宜的诊断，不要只关注建筑的安全性、使用方便与否，还要经常观察和探讨在节省资源、省能源等方面是否需做进一步改善，同时采取恰当的应对措施。

（7）拆毁：环保式拆毁，正确处理/处置有害物质

因建筑的劣化或功能退化导致建筑需要拆毁时，对过去经常会使用的石棉类有害物质应采取慎重的应对措施。同时还要考虑拆毁之后各种材料的再利用以及作为资源再回收等问题。

（8）再回收：混凝土等建筑材料的资源化

并非所有拆毁下来的物品都是废弃物，也有可作为建筑材料直接使用或者作为建筑材料、原材料进行再利用/资源化的物品。这些物品仍有多种价值。因此，事先要充分考虑材料的材质、再资源化等问题，之后再进行拆毁施工，只有最终废弃材料达到不得不进行处理/处置的状态才能保证废弃材料的最少极限。

1.2　城市的环境与建筑的关系

建筑从原材料的生产、建设、运营到拆毁经历了漫长的寿命周期，它给环境带来极大的影响。图1.5所示为建筑废弃物与再资源化的现状。

应在掌握建筑对环境以及城市基础配套设施等的影响基础上，提供一个对人类、地区

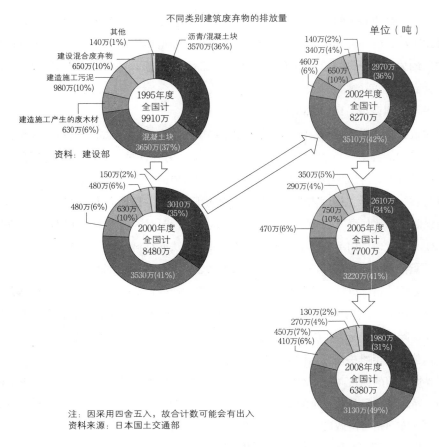

不同类别建筑废弃物的排放量

注：因采用四舍五入，故合计数可能会有出入
资料来源：日本国土交通部

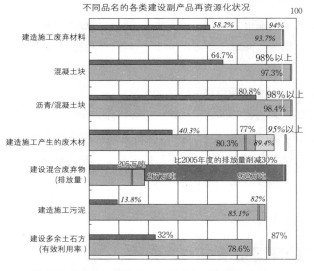

不同品名的各类建设副产品再资源化状况

※斜体字为包含缩减量（焚烧、脱水）
※1995年度建造施工产生的多余土方量（有效利用率）未含场地内利用的部分
资料来源：日本国土交通部

图1.5　建设副产物

和地球都有益且与环境也相协调的建筑。

（1）建筑与能源、资源

- 应削减建筑在运营过程中所消耗的能源。谋求水资源的有效利用；
- 生产过程中，应使用能源消耗量较少的建筑材料；
- 使用风力、太阳光等可再生能源及余热等未利用能源。

（2）建筑与原材料

- 延长建筑寿命。高效而珍惜地使用建筑原材料；
- 减少因施工、拆毁而产生的废弃物，促进再利用。

（3）建筑与生态学

- 应注意防止室内空气污染，保护工作环境，确保居住者及工作人员的健康；
- 正确处理、处置有害的化学物品，防止土壤受到污染；
- 降低建设、开发对生态系统的影响。

应充分理解建筑与城市环境之间的关系，认真探讨如何削减对环境的负荷量。

据统计，建设行业所使用的资源占日本国内所有产业的47%，其中97%是构造物。另一方面，建设行业产生的工业废弃物数量占整个产业的20%，其中77%是混凝土块、沥青混凝土块。由此看来，建筑从建设到拆毁使用了大量的资源，并排放出相应的废弃物。

建筑从建设、运营（使用）到拆毁消耗了大量的能源。以占地面积7000m²的办公建筑（以40年年限为标准）为例来进行换算的话，据说在运营阶段就消耗了大约60%的能源。运营之后的排序依次为原材料生产、建设期、维护期。

有研究表明，过去经常使用的绝热材料发泡剂、空调冷凝用的氟利昂，排放后会破坏臭氧层。建筑材料中含有的化学物质，会引发过敏性病变等疾病。因此，要尽量少使用这类有害的化学物质，另外，在排放时要充分意识到其有害性，小心谨慎地进行处理、处置。

此外，建设阶段由于土石方工程会改变自然，从而影响生态系统。建筑物在建设阶段，因重型机械、各种车辆运输而带来噪音/振动，有时还会引起交通堵塞，这不仅对人们的生活，也对生态系统带来影响。谋求一个保护和维护生物的生育、生息环境，改造、施工阶段也要与生态系统共存的理念是必不可少的。

综上所述，从建筑与能源、资源、原材料、生态学的观点出发来采取正确的应对措施是必要的。

1.3　从地球/城市环境角度看街区/建筑周边的循环型体系

到前一节为止，我们探讨了与建筑和环境有关的各项要求、城市环境与建筑之间的关系，其中主要分析了建筑物本身以及应采取的应对措施等事项。本节将从地球/城市环境的角度探讨街区/建筑周边的循环型体系及其构成要素。

　　地球/城市环境所面临的重大课题有如下几个关键点：全球变暖—大型城市中的热岛现象，生物种群的灭绝/沙漠化严重（森林减少）—生态系统的保持，能源资源枯竭—省能源，有限水资源的有效利用—防止封闭性水域的水质污浊，人口增加—城市扩张以及废弃物的处理处置、再资源化等。

　　为解决这些课题，我们要站在地球、城市、地区、街区、建筑等各自不同的规模尺度上，从能做的事情着手，并付诸实际行动，这比任何事情都重要。

　　从利用水与绿化来再生地区环境的角度出发，将其作为环境要素的主体，但同时也要结合相关的因素（废弃物、能源等），制定准确的应对措施。

　　下面针对以水为主体的循环型体系进行阐述。

　　水循环是由地球以及围绕其周围的大气圈中存在的各类要素构成。与人类有直接密切关系的，是以河流水域为单位的水循环。它是在降水、地面渗透、放流、蒸发扩散等自然型水循环中附加了城市的扩张、住宅用地和工业用地的开发、森林砍伐，或者建设水坝来贮备水量、从河流或地下水中汲水用于生活用水、工业用水、农业用水以及污水排放等的人工型水循环。

　　"健全发展水循环体系"的定义（水资源基本问题研究会报告，1994年7月）是，"以河流水域为主的水循环空间，是一种能满足国民对用水、治水的基本要求，同时不能损害水所具有的保护自然环境、生态系统的基本功能，保持水循环体系应具有的各种平衡并可持续发展下去的状态。"

　　这些内容从图1.6中所示的水循环的形成、水资源的保护和水利用这三者的关联性来看，除了维持过去以用水、治水为主要内容以外，还应将具有不同价值观的水循环的恢复、保护作为重要因素引入到实践中，提倡让地区居民参与进来，使其功能得到进一步完善。

　　若把规模控制在街区/建筑的尺度上来构筑循环型体系，则应先在充分掌握以河流水域为主的水循环的基础上，对"城市、街区、建筑的水利用规划与水处理、回收"、"水景设施与生境"等以水为主体的要素进行系统的规划、设计与运营管理。此时，不仅是要针对与水有关的要素体系，同时也要对有密切关联的废弃物处理、资源化、水利用、排水处

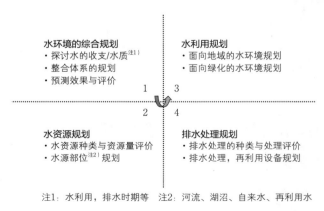

注1：水利用，排水时期等　注2：河流、湖沼、自来水、再利用水

图1.6　水循环的形成

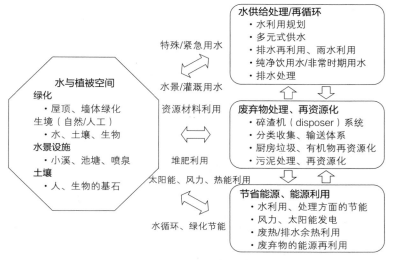

图1.7　以地区/建筑标准为对象建立的循环型体系

理所需要的能源削减、自然能源利用及城市、街区自然环境保护和协调等方面进行考察，采取必要的应对措施和策略。

图1.7是以地区/建筑标准为对象建立的循环型体系概念图[5、6]。

"水供给处理/再循环"中，如图1.7所显示，需要以街区、建筑的水利用规划为基础，谋求资源的有效利用，使其从量和质上都能保证对外部负荷的最小化。"废弃物处理、资源化"中，应做到尽量分类收集回收，这对以后实施资源化/再循环十分有效。例如，厨房垃圾及排水过程中伴有污泥排放的有机性垃圾，可作为能源或绿化底肥用于街区建筑中，不仅如此，也可探讨其在城市领域中的资源化及有效利用的可行性，使"节省能源、资源"与"水与植被空间"这两者达到相互协同的目的。因此，将水、废弃物、能源及存在或设置于建筑外部空间中的生境和水景设施等相关环境要素/系统有机地密切整合在一起，组成街区、建筑的循环型体系，这甚至也能从城市、地区，以至于整个地球环境的角度营造出一个循环型体系。

1.4 生物多样性

生物多样性的意思是，地球上生存有3000万种多种多样的生物，他们相互之间有着直接或间接的关系，以复杂的平衡法则生存在一起。

生物多样性包含以下3个方面：

（1）生态系统的多样性

指拥有各种类型的自然环境（森林、偏僻山地山村、河流、湿地、潮汐浅滩、珊瑚礁等）。

11

（2）种类的多样性

指各个种类生物的生息、生育状况。

（3）遗传因子的多样性

在同一生物种群内部的群组中，也存在有不同的遗传因子。

生物多样性是地球经漫长岁月变迁发展演变而来的。对于生存于其间一份子的人类而言，想要在地球上生存繁衍下去，关键就是要最大限度地保护生物的多样性。近几年，野生生物的种群灭绝以前所未有的速度在加快。1992年制定了生物多样性条约，以期能够改善这种状况。生物多样性条约制定的目的包括：①保护生物多样性；②生物多样性构成要素的可持续利用；③使用遗传资源而引发的利益公正且均衡的分配。2011年11月至今，共有192个国家及欧盟联合体签署了该项条约，但美国尚未签署。

2002年，日本归纳总结了"生物多样性国家战略"，2008年开始实施生物多样性基本法。2010年，生物多样性条约第10次签署国会议在名古屋举行，并通过各种活动和大众传媒报道，使"生物多样性"这一概念与"削减CO_2"、"循环型社会"一样，同等程度地开始渗透于普通国民大众之中。

日本生物多样性现状，在"第3次生物多样性国家战略（2007年）"时面临着以下"3项危机"，这些危机现在仍在持续着。

第1项危机：人类的活动或开发行为直接导致物种的减少、灭绝，甚至生态系统遭到破坏、阻断、恶化而使得生物的生息、生育空间缩小或消失；

第2项危机：因生活方式和产业结构改变、人口减少而带来的社会经济变化，或者人类在自然中的活动范围缩小、撤离而使偏僻山地山村的环境质量发生变化，种群减少，乃至生息、生育状况发生变化；

第3项危机：人为引入外来物种而干扰了生态系统。

此外，全球变暖所带来的气候变动是世界共同的危机，据预测，如果全球平均气温上升超过1.5～2.5℃，则动植物的种群就可能会有约20%～30%面临灭绝的危险。

联合国发布的"千年生态系统评估（Millennium Ecosystem Assessment，缩写为MA）"（2001～2005年）中，将人类活动与生态多样性之间的关系归纳为4种恩惠和5个主要威胁。恩惠也称为"生态系统服务"，大致分为"供给服务"、"调节服务"、"文化服务"、"支持服务"这4种。主要的威胁是指"生息、生育地的变化"、"生物资源的过度摄取"、"气候变动"、"外来物种"、"营养盐蓄积与污染"（表1.1）。生态系统服务应以可持续享受其服务为宗旨，威胁则应以危险度最小化而关注度最大化的方式来应对。

对于街区建设以及建筑也一样，它们与生物多样性有着紧密联系，在规划设计、施工、运营的各个阶段享受到不同程度的服务，但也受到不少影响。水循环及绿地规划也同样，建议将这种理念常挂于心地去推进设计和施工。

生态系统服务与主要威胁的实例（引自生物多样性民间参与规划方针） 表1.1

获益/影响	分类	实例
生态系统服务	供给服务	食材、燃料、木材、纤维、药品、水等，为人类生活提供重要资源的服务。 我们人类通过食用动物或植物来维持生命，用皮革或纤维来缝制衣物，利用木材建造房屋
	调节服务	利用森林缓和气候，防止洪水泛滥，净化水质，是操控环境的服务。 但如果这些全部由人工来解决，会花费庞大的资金
	文化服务	满足精神与审美需求，是宗教、社会制度的基础，为交往提供机会的服务。 提供可观赏不同季节的花卉或生态旅游、以本地固有生物为灵感设计出来的民族服装服饰、当地固有的自然条件下培育出来的饮食文化等方面的服务
	支持服务	是支撑和供给上述三种服务的服务。例如：利用光合作用合成氧气、形成土壤、营养循环、水循环等
主要威胁	生息、生育地的变化	原始森林的开采等，土地利用性质的改变而导致生物的生育、栖息地减少。这种生物资源的使用，同样也会影响地区的社会体系
	生物资源的过度摄取	以观赏或商业目的而出现的个体性的乱砍滥伐、盗掘、过度摄取等
	气候变动	温室效应气体的排放导致气候发生变化，对生物多样性造成影响
	外来物种	外来物种对当地固有的生物样态及生态系统造成影响
	营养盐蓄积与污染	各种营养盐对生物的生育及生育环境造成影响

1.5 节省资源、能源

本节在探讨地球环保新能源开发的基础上，阐述可削减地球环境负荷的省资源、能源的实施对策。水系统设施中，电力的消耗量十分明显，因此省能源的基本策略应从节水开始。也就是说，通过减少水体移动来削弱电力消耗量。另外，本节只阐述自然/未利用能源方面的基本内容。

1.5.1 资源与温室效应气体

资源如何才能有效利用，尽可能将负面因素从有效利用资源中排除出去，这是目前的当务之急，在全世界范围内得到了共识，其解决的策略是当今重要的课题。如今所面临的是如何掌握地球整体的资源和污染现状，并探讨出相应的对策。近几年逐渐萌生出一种错觉，把节省资源/能源的对策直接联系到控制二氧化碳的排放量上。在这里，节省资源/能源的次要策略才是削减二氧化碳排放量。在考虑节省资源/省能源这一问题上，本书也以构筑循环型体系作为基础，把建立水与植被的循环体系作为基本事项来考虑。

（1）资源的动向[9]

整个世界的一次性能源消费以石油进行比例换算（2008年）来看，石油占35%、煤炭29%、天然气24%、原子能5%、水力能6%，石油的依存度依然居高不下。从不同区域世界整体一次性能源消费量的占比来看，以2008年为基准的石油换算值从高到低依次是美国20.4%，中国17.7%，俄罗斯6.0%，日本4.5%，印度3.8%。其中北美、欧洲占了38%。中国的消费正在迅猛增长。此外，亚洲各国及中东各国随着人口增加和工业化的进展，其增长幅度开始慢慢加大，虽然先进国家的能源消费量很大，但是其增长率相对较低，日本的能源消费量基本呈稳定的平衡状态。而对于正在发展中的国家而言，其能源消费量虽然较小，但其增长率相对较高。另外，人均电力消费量（2008年），OECD（经济合作与发展组织=Organization for Economic Cooperation and Development）的北美最高，其次是OECD的大洋洲，然后就是日本。因此，日本的资源不仅对海外依存度较高，而且能源消费量也很大。日本不同部门的能源消费量（2008年）按产业、民生、运输来分类时，家庭及业务部门合起来的民生部门占33.8%的能源消费。

　　海外依存度较高的国家以日本为首，其他还有意大利、法国等。日本一次性能源的海外依存度（2008年）以石油换算的话，占了78%，依存度表现出极高的状况。如果把日本的原子能也包含在内的话，2007年能源自给率为18%，除去原子能后只有不到4%。这其中，生物能源占34%，水力29%，地热及太阳能为17%，天然气16%，石油4%。可见，日本开发新能源迫在眉睫。2008年度一次性能源供给量以石油换算值来核算比例的话，石油为42%，煤炭23%，天然气19%，原子能10%，水力6%。但是从电力能源（2009年）来看，原子能为29.2%，天然气29.4%，煤炭24.7%，石油等7.6%，水力8.1%，新能源占1.1%。

（2）温室效应气体的排放量

　　随着节能对策的出台，削减二氧化碳排放量的对策也开始实施起来。1997年的京都议定书以国际性推广为契机，正式推出了相应的对策。温室效应气体中，导致温暖化的贡献率依次为二氧化碳（CO_2）64%，甲烷（CH_4）19%，一氧化二氮（N_2O）6%，氢氟碳化合物（HFC）和全氟化碳（PFC）为10%，六氟化硫（SF_6）为1%。这个贡献率，代表着以温室效应气体排放总量为基准的导致温暖化的贡献程度，如果以相同排放量为基准的话，甲烷或氟要比二氧化碳的贡献率高出十倍，甚至数百倍。从各温室效应气体的排放量来看，现状是二氧化碳呈现绝对压倒态式的92%之多。因为通过技术可以很容易地控制二氧化碳的排放量，因此就出现了以降低二氧化碳为目标去防止温暖化的对策。

　　世界整体的排放量（2008年）如图1.8所示，有295亿吨的CO_2当量值，中国占22.1%，美国19.2%，俄国5.5%，印度4.9%，日本为4.0%，德国2.6%，最后1%为其他国家。另外，人均二氧化碳排放量的顺序为美国、澳大利亚、加拿大、俄罗斯、德国、英国，其后是日本。日本的二氧化碳排放量约为9吨（CO_2/人）。但是，排放量较大的美国、中国、印度并未签署京都议定书，因此这不能说是全球规模的对策。

　　近几年，节能对策当仁不让地在推行着，与森林防护整治、海外排放许可证购买相结合，引入燃料电池、太阳能发电、风力发电，正试图从包括原子能使用在内的化学燃料的依存状态中脱离出来。

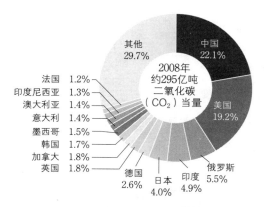

图1.8　世界整体CO_2排放量[10]

1.5.2　建筑周边的水环境能源

　　与建筑紧密相关的水环境有各种各样的存在方式。从雨水开始，雨水渗入地下形成地下水，汇集这些地下和河流中流出的水，然后净化成可饮用水输送到建筑物中，建筑内使用后的污水处理成对环境无影响的标准再排放。这是使用水的整体流程。为确保这一流程顺利推进，必须使用各种能源。流程图如图1.9所示。

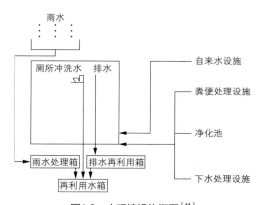

图1.9　水环境设施概要[11]

　　我们仅着眼于电力能源，考察这一流程是如何使用该能源的。与水有关的设施有：净化水设施（水管统计）[13]、纯净水供给装置（实际设施1中的7.5m³/日）、中水管道（实际设施4）、雨水再利用设施（实际设施）、建筑内部给排水设备（办公建筑占地面积6090m²的研究案例）、净化池（处理容量为1～100m³/日）、下水管道设施（下水道统计）[14]。这些设施电力消耗量的调查结果如下所述。实际电力消耗量以相当水量的原始单位来表示。以此为原始单位的结果一览如图1.10所示。

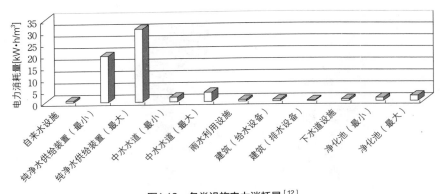

图1.10　各类设施电力消耗量[12]

纯净水供给装置（19.33～30.82kW·h/m³）与净水设施（0.475kW·h/m³）相比，最大消耗为64.7倍，最小消耗为40.7倍。中水管道（1.76～3.62kW·h/m³）与净化水设施相比，最大消耗为7.6倍，最小为3.7倍。雨水利用设施（0.25kW·h/m³）是净化水设施消耗量的0.53倍。建筑（给水设施、排水设施）（0.3kW·h/m³）的消耗是净化水设施的1.4倍。下水道设施（0.47kW·h/m³）与净化水设施的电力消耗使用量基本相同。净化池（1.22～2.14kW·h/m³）与下水道相比，最大消耗为4.6倍，最小为2.6倍。此外，粪便处理设施与下水道设施相比，标准脱氮处理（83kW·h/KL）的消耗为177倍，好气性消化处理（31kW·h/KL）为66倍。

各类设施的能量削减提案如下：

- 上水管道过滤处理的理想方式是缓速过滤处理，尽量不采用膜处理方式，因此需要控制取水水源的水质污浊程度。从费用角度来看，修缮费用是动力费用的2.4倍，药剂费用是动力费用的0.18倍，因此还需分析电力消耗以外的其他内容。

- 上水管道的使用，以保证纯净水供给装置不会降低上水管道的水质为基本原则。使用纯净水供给装置的关键是要尽可能缩短运转时间。

- 虽然中水水道比上水道的电力消耗量要多，但从用水需求的角度考虑，它的必要性却是众所周知的。由于膜处理的电力消耗量会比较大，因此必须推进其高效性能方面的研发。

- 为保障雨水利用设施的集水水质，必须仔细斟酌水质不会出现恶化的集水场所、简易的处理方式、甚至输送过程中不使用动力的贮存池位置等问题。

- 这里算出的净化池的数值未包含污泥处理部分，因此加上污泥处理后数值会更高。设计中应采用无需设置原水泵池的方式。设置区域的关键是分析采用个别处理还是集中处理方式。今后需要的是与粪便处理设施相结合的评价数据。

- 在下水道逐渐普及扩散的当今社会，必须努力坚持节能的原则。

1.5.3　利用水与绿化节省能源

建筑的屋顶及墙体、道路表面、土壤表面可以通过覆盖水或植物来削减建筑产生的制冷负荷，而且所有这些面层部分还能起到防止热岛的作用。

（1）水

将水的蒸发潜热特性用于屋面灌溉、道路喷洒。水分从喷洒面蒸发的同时带走表层的热量，从而降低喷水面的表面温度。正午时分，向屋顶面层喷水后，还可以防止夏日强烈的日晒入侵室内，在降低外部环境负荷同时，也会立刻减弱制冷负荷，达到节能效果。

（2）植物

生长于屋顶或墙体的植物具有阻热和冷却汽化热的效果，从而削减室内制冷负荷，达到节能效果。通常对应的植物中，屋面多使用苔藓类、蕨类、木本草本类植物，墙体多使用藤蔓类植物。

覆盖方式如图1.11所示，所有的植物都能应对斜坡面和平面，墙面则使用藤蔓类植物。屋面可以期待土壤与植物的组合效果，而使用藤蔓类的墙面则主要是植物的外观效果。影响外观的最大主要因素是，植物的叶子呈现出来的样态、是常绿还是落叶以及植物本身的密度。

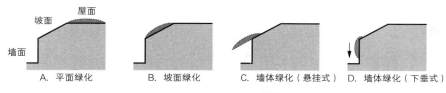

A. 平面绿化　　B. 坡面绿化　　C. 墙体绿化（悬挂式）　　D. 墙体绿化（下垂式）

图1.11　植物覆盖方法[15]

1.5.4　新能源

日本国家政策中所定义的新能源指："已达到技术实用性标准，在经济层面上受到制约且尚未完全普及，以替代石油能源为目标而特别需要的能源"，根据能源来源的性质，大致分为3类[16]：

- 自然能源（可再生能源）；
- 再循环能源；
- 传统能源的新式利用形态。

与水及废弃物相关的新能源用作供给能源时，新能源的种类和分类如下：

（1）自然能源的利用

太阳光发电；

太阳能利用；

风力发电；

水力发电；

太阳能；

风能；

小型水利能源；

冰雪冷热能源；

生物能源（农业资源、森林资源、家畜粪便）。

（2）再循环能源的利用

废弃物发电、热利用；

废弃物燃料制造；

下水余热利用；

清洁工场余热利用；

工厂余热利用；

河流、海水热利用；

变电所余热等的利用；

废弃物利用能源；

未使用能源。

（3）传统能源的新式利用形态

联合发电（cogeneration）；

燃料电池；

清洁能源（电动汽车、混合动力车、天然气等）。

1.5.5 新能源案例

下面从上述所分类的各项案例中，抽出利用河水的热力泵和未使用能源来进行陈述。

（1）利用河水的热力泵案例

利用河水最具代表性的案例是东京电力箱崎供给中心和大川端River City 21 A栋。东京电力箱崎供给中心，在夏季主要作为制造冷凝水的冷却热源使用，在冬季作为制造温水的温热源使用。水热源热泵运行的设置标准为：夏季利用河水的0.3%，利用温度差为+5℃；冬期利用河水的0.4%，利用温度差为-3℃。大川端River City，是以给435户（37层）超高层集合住宅提供热水为目的，对11~8℃的河水进行热回收，冷排水温度为-3℃，再利用燃气热力泵（热水供给用）加热成60℃的温水，在热交换器上将上水加热至55℃后提供给各住户。这里的问题是，热交换器上附着有浮游生物、河流生物、烂泥等，会降低其传热性能，导致换热管堵塞，甚至会影响到回收之后排放水的生态系统。

日本一级河流的河水能源储备量试运算案例如下。在考虑到利用过程中，河流与所需热源利用地的距离限制，以及向河流回放水的温度影响等因素，假设河水利用水量大约为20%，利用温差为5℃，其扩散温度约有1℃的变化。在这一条件下，国家可获得总能源需要量约5%的能源。但在这种状况下，温度变化1℃后会明显影响水中的生物环境，因此实际操作比较困难。

（2）未利用能源的使用

可利用能源的种类、形态、温度差，以及获取到的能量等方面的具体数据见表1.2。这里仅陈述与建筑没有关联的部分。

未利用能源的种类、温度差、热量[17]　　　　　　　　表1.2

	能源种类	形态	温度差（℃）	获得能量
与生活环境紧密相关的设施	住宅	温水	5~20	少
	大型店铺	空气	5~40	少
	浴池	温水	5~35	少
	温水游泳池	温水	10~25	少
	滑冰场	空气	15~35	少
	地下商业街	空气	5~30	少
特殊设施	冷冻仓库	空气	15~35	少~中
	大型计算机中心	空气	10~35	少~中
公共设施	地下商业街	空气	10~30	中
	变电所	温水	10~25	中
	地下电缆	温水	10~20	少
	排水处理场	温水	15~25	多
	垃圾焚烧场	温水	15~30	多
		水蒸气	110~150	
	火力发电场	温水	10~150	多
		水蒸气	110~150	
企业	工厂	温水	10~150	多
		水蒸气	110~150	
自然	海水、河水	温水	5~20	多

①下水道

到2007年度为止的38项设施，是通过下水淤泥在嫌气性消化过程中产生的消化沼气来发电，并用于燃料电池中。

另外，也有利用下水处理水余热的热泵。事到如今有下水处理场47所，水泵间12所。岩手县盛冈市盛冈站西地区就是采用将下水的未处理水作为热源水，用于地区制冷、采暖。东京都的后乐水泵间也是将下水的未处理水用于地区制冷、采暖，千叶县的幕张新城中心将下水处理水用作热源，还有西宫市的枝川净化中心，利用处理水排放时的落差进行水力发电。

②垃圾焚烧设施

在2009年当年的全部设施1243座，余热利用设施有800座。余热利用设施是复式交叉利用，温水利用为967座，蒸汽利用为337座，发电利用为482座，大部分设施都为余热利用。发电设施数量状况是为304座，全年发电量6876GWh。

1.6 废弃物必须与水同时考虑

1.6.1 废弃物处理的现状和动向

日本国土狭小，气候高温多湿，在这种条件下，废弃物主要采取的是"燃烧或粉碎填埋"的处理方式。2000年6月，以废弃物减量化为目标修改了法律（废弃物处理法与再生资源利用推进法），并实施了新的相关循环法案（食品循环法等），针对实施后的实际运行状况进行调整后，废弃物减量化开始大步迈进。

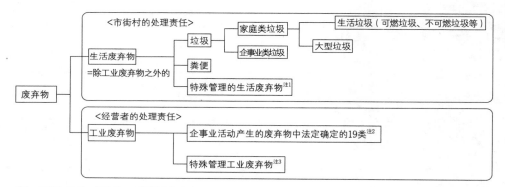

注1：具有有害性、传染性、易爆性的物品。
注2：燃烧后的废渣、污泥、废油、废酸、废碱、废塑料类、纸屑、木屑、纤维屑、动植物性残渣、橡胶屑、
　　　金属屑、玻璃碎屑及陶器碎片、矿渣、瓦砾类、动物粪便、动物尸体、煤尘等需要加工处理的物品。
注3：具有有害性、传染性、易爆性的物品。

图1.12　废弃物的分类

依据废弃物处理法，如图1.12所示，废弃物的类别大致可分为：以生活排放物为主的生活废弃物和伴随企事业活动而排放的工业废弃物两大类。原则上，生活废弃物由市县村、工业废弃物由经营者来处理。根据环境部数据，如表1.3及图1.13所示，2009年度生活废弃物排放量全国为4625万吨，2000年度以后呈连续下降趋势，以1997年度5310万吨为基准，连续5年处于下降状态。其中约65%是生活类垃圾，每人每天994g，比高峰时期2000年度的1185g，下降了约16.1%。另外，各地废弃物终点站终端处理场的寿命正在接近临界点。

垃圾排放状况　单位（千吨/年）　　　　　　　　　　　表1.3

划分 / 年度		2000	2001	2002	2003	2004	2005	2006	2007	2008	2009
垃圾总排放量	计划收集量	46695	46528	46202	46044	45114	44633	44155	42629	40946	39616
	直接搬入量	5373	5316	5190	5398	5343	5090	4810	5138	4234	3845
	集团回收量	2765	2837	2807	2829	2979	2996	3058	3049	2926	2792
	合计	54834	54681	54199	54271	53376	52720	52024	50816	48106	46252
	生活类垃圾	36844	37381	37118	37321	36838	36471	36220	35724	34104	32974
	其中家庭排放垃圾	(30267)	(30300)	(29859)	(29959)	(29235)	(28465)	(28041)	27781	26508	25580
	企事业类垃圾	17990	17300	17081	16950	16538	16249	15804	15092	14003	13278
自家处理量		293	253	218	165	130	92	74	56	45	31
排放量（参考）		52362	52097	51610	51607	50587	49815	49040	47823	45225	43492
总人口（千人）		126734	127007	127299	127507	127606	127712	127781	127487	127530	127429
计划收集人口（千人）		126425	126794	127365	127526	127526	127658	127727	127439	127490	127406
自家处理人口（千人）		309	213	163	142	80	54	54	48	40	23
每人每天垃圾排放量（g/人日）		1185	1180	1166	1163	1146	1131	1115	1089	1033	994

注：1. 大多数市县村的自家处理量为推测数据。
　　2. "排放量（参考）" = "计划收集量" + "直接搬入量" + "自家处理量"。
　　　　2005年度实际获取的数据中，"垃圾总排放量"是以废弃物处理法为依据，在"为推进正确处理废弃物减量及其他措施的综合性规划基本方针"下，与"生活废弃物排放量（计划收集量+直接搬入量+资源垃圾的集团回收量）"是等同的。
　　3. "家庭排放垃圾" = "生活类垃圾" − "集团回收量" − "资源垃圾" − "直接搬入垃圾中可作为资源再利用部分"。
　　　　2006年度之前，直接搬入垃圾的具体细节尚不明确，因此计算时，将作为资源利用直接搬入的垃圾刨除在外。
　　4. 每人每天垃圾排放量=（计划收集量+直接搬入量+集团回收量）÷总人口÷（365或366）。

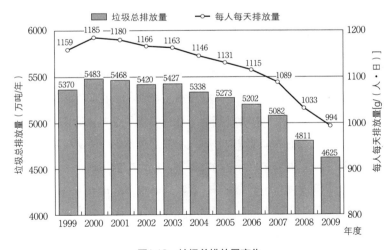

图1.13　垃圾总排放量变化

图1.14是到2009年度末为止，生活废弃物终端处理场的剩余年数，全国年均为18.7年，处理场的剩余容量正在减少。一方面，当地居民反对的呼声不断响起，另一方面，却面临着建设新处理场的难处。为此，以确保处理场为目的，开始推广重新把终端处理场中填埋的废弃物挖掘出来，将其焚烧再资源化后达到减量化，然后再重新填埋的工程作业。此外，环境部2005年度修正了废弃物处理法实施令，为保证焚烧设施大型化和减少焚烧废弃物，延长未饱和填埋处理场的寿命并削减垃圾处理成本，将以往填埋的家庭用包装容器及购物袋等塑料垃圾视为"可燃垃圾"，原则上付予地方自治体去义务执行。

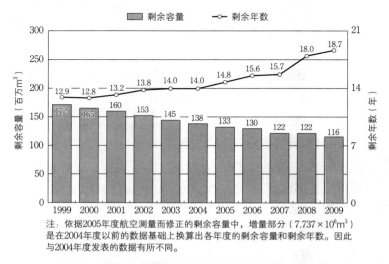

注：依据2005年度航空测量而修正的剩余容量中，增量部分（$7.737 \times 10^6 m^3$）是在2004年度以前的数据基础上换算出各年度的剩余容量和剩余年数。因此与2004年度发表的数据有所不同。

图1.14　生活废弃物终端处理场的剩余容量和剩余年数变化

1.6.2　生活垃圾处理及利用

因地区不同，生活垃圾类总量中，厨房垃圾的所占比例有所差别，一般占垃圾总量的35%～55%（湿重标准），一户一天约排放1kg。根据地方政府垃圾分类方法，厨房垃圾中也包含了很多作为可燃垃圾的纸类垃圾。在厨房垃圾堆积过程中，因腐烂而产生异味、病虫害，以及垃圾的搬运、保管和收集过程都是造成居住环境恶化的原因。解决这种厨房垃圾的处理方法是，使用废弃物处理器中的厨房垃圾处理系统或厨房垃圾碎渣机、家庭用混合肥料堆肥容器进行初级处理后，剩余部分再作为可燃垃圾排放。

生活垃圾碎渣机和混合肥料堆肥容器，曾因地方政府提供补助金出现过购买热潮，另外，一些园艺爱好者或空巢家庭，以及十分关注环境保护的家庭中曾在一段时期内有不少增设案例，然而，由于堆肥发酵时间较长，处理后的厨房垃圾未全部使用，因后续处理问题以及维护管理方面的烦恼而出现了中途放弃的现象，从现状来看，垃圾减量化的效果并非如地方政府所期待的那样卓有成效。

另一方面，利用废弃物处理器的厨房垃圾处理系统，因其便利性、易搬运性、卫生性

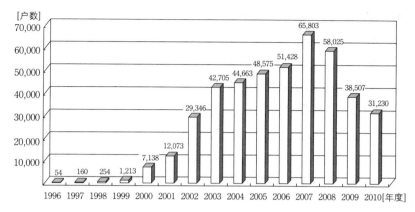

图1.15　设置粉碎机的户数

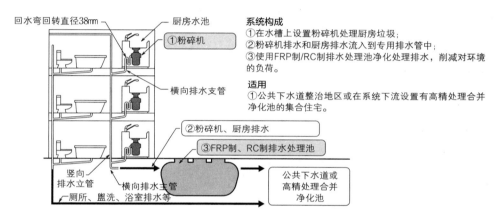

图1.16　粉碎机的设置系统图

而得到好评，如图1.15所显示的那样，以高层集合住宅为中心，全国超过40万户设置了该系统，今后也会以首都圈、近畿圈等大型城市周边为主，呈现不断增加的趋势。图1.16为集合住宅废弃物处理器的设置系统。

　　该系统的原理是，废弃物处理器在运转过程中，利用水来粉碎和输送生活垃圾，并通过配管输送和清洗，再通过排水处理来净化含有厨房垃圾的排水。特别需要强调的是排水处理的维护管理问题，包括地方政府所指定的安装制造商在内，应严格执行水质管理，并与信息管理相结合公开发表数据。处理后的厨房垃圾排水再利用的方法，可采用膜处理后导入到中水系统中，也可利用污泥堆肥技术，准确分析计算好利用场所的规模、需要使用水量及维护管理等方面的成本及效果，然后再确定具体措施。

　　另外，随着食品回收利用法案的实施，商用废弃物处理器的厨房垃圾减量化系统也开始引入进来。与集合住宅一样，需要探讨排水处理设备的设置与排放污泥的处理及具有节水作用的水再利用等问题。

1.6.3　利用沼气发酵处理厨房垃圾

为了控制食品生产厂商及食品加工厂、饮食店、宾馆等排放食品垃圾并推进资源的有效利用，2000年制定了食品再循环法，2007年12月修订了一次。修订的食品再循环法规定，应推行饲料、肥料、油脂/油脂类制品、沼气发酵、炭化制品（作为燃料及还原剂等使用）、乙醇的原材料等的再生利用，并以控制→再生利用→热回收→减量的先后顺序，推进组合措施。

具有热回收、减量化作用的沼气发酵所形成的厨房垃圾处理系统，可以接纳食品生产厂商、饮食店、宾馆等排放的残羹剩饭或未售罄的盒饭，将金属、塑料、纸类等不对应的物品筛选去除后，在沼气发酵池中利用甲烷菌生成沼气，沼气可以带动发动机运转发电，同时沼气与水反应生成氢气后，还能带动燃料电池发电。另外，发动机产生的余热，又可为沼气发酵池加热，是一个具有多功能利用的系统。将来，对于食品企业排放的厨房垃圾以外的其他生活类垃圾，各个地区或公寓可以小区为单位收集厨房垃圾后，通过引入小型沼气发酵系统来保证沼气和燃料电池的设置。这样，在灾害或夜间照明中也能作为备用电源来发挥作用。但是，这种类沼气发酵式的厨房垃圾处理系统，需要发酵池的嫌气处理和温度管理、投放原水的管理以及沼气发酵后的排水处理等高端水处理技术。因此，收集与处理厨房垃圾的技术及处理的技术人员就很关键。

第2章
循环型体系下的
水环境规划

2.1　城市水环境中的建筑定位 [1, 2]

2.1.1　城市变迁与水的代谢

　　人无水就无法维持生命。因此，水利用的历史也是人类的历史。最初人类居住在自然水系附近，以确保水的使用。其后发明了水井和与之相当的水源设施，以及输送设施的建造技术。另一方面，在过去漫长的历史岁月中，人与水的关系长时间停留在"治水"上，即以洪水对策为主。

　　人类聚集后形成了城市，城市渐渐由低层向高层、从低密度向高密度变化/扩张，人口和车辆不断增加，产业也集中壮大发展起来。这其中，大多数的城市是从河流、湖泊、海岸等水边的滨水区域开始发达起来的。不仅日本的城市如此，从世界各地的其他城市来看，也是这种倾向。这种倾向较显著的原因，就是生活和生产都需要用水，且水边也是能实现城市活动高效化的最佳场所。水边还具有物资搬运、游戏场及景观利用的作用。但反过来，防御水系传染病、洪水等水害也成为一个主要的课题。

　　随着城市现代化的推进，在引进上下水道这一城市公共基础建设的同时，"用水"也就摆到了城市的中心位置上。这就是说，在保证产业用水的同时，还存在着饮用水标准的水量需求与供给之间的平衡问题。

　　另外，随着城市的扩张，一方面以上下水道为开端，设置各种各样的城市设施，而另一方面，随着水资源需求扩大而出现保护水源林地和开发新水源地的苦恼的同时，使用过的水随意排放导致水域污染等，从而产生各种各样的问题。为了加强管理就需要制定相应的社会结构及法律制度。

　　此外，人们生活富足之后，自然而然地会从文化角度对"亲水"以及"水环境"提出新的课题，也会开始重视水与绿化之间的关系以及生态保护。今后，为了辅助城市健康发展、提升品质，建设舒适的城市环境，在确保水资源的同时，就必须着重解决好围绕水出现的各类问题之间的综合平衡关系，推进优美的滨水空间的再建。在考虑水的景观形象及对人的心理性影响的基础上去规划综合性的水利用，从而构筑循环型体系，这样的时代已经到来了。

　　文献［3］中，将上述内容以城市中的水代谢来表达，如图2.1所示。这里展示的，是以水的再利用为前提的水收支平衡关系。

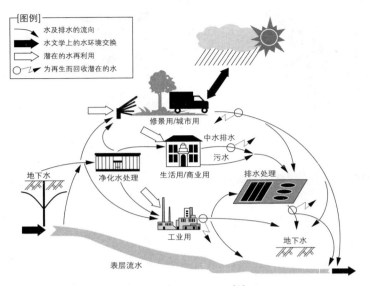

[图例]
→ 水及排水的流向
➡ 水文学上的水环境交换
⇨ 潜在的水再利用
○ 为再生而回收潜在的水

修景用/城市用
中水排水
污水
地下水
净化水处理
生活用/商业用
排水处理
工业用
地下水
表层流水

图2.1　城市中的水代谢[3]

　　水利用内容包括：水资源的诸多特征、水处理技术、水处理与输送所需能源等诸项制约条件，以及用水需求构造的时间性、空间性变化等，如果再循环问题中水利用规划考虑不恰当，最终会导致整体崩溃。特别是与水质相关的问题，应慎重对待。

　　城市中构筑循环型体系，是现在需要直面的重大课题。特别是对于水的再循环体系而言，已经呈现出很多卓有成效的实际成果，今后应推动更深层次的研讨。

2.1.2　城市中的水环境

　　水以三种形态与城市紧密相连着，一是与气候、温热环境、蒸发等有关的水蒸气；二是与饮用水、产业用水、水景、洪水等相关的液态水；三是以雪或冰存在的固态水。到目前为止，水的这三种形态，在城市发展过程中碰撞出很多问题，其内容如下：

- 用水需求加大，而水资源开发滞后导致水资源不足；
- 地表的不渗水状态使得降水等地下渗透减少，而地下水过度抽取导致地下水位下降；
- 地表的不渗水状态导致流出率加大，而建筑不断向过去的低湿地区增建，引起城市型洪水和液态化灾害的发生；
- 地表的不渗水状态以及地下水水位降低导致城市沙漠化；
- 地表的不渗水状态及排热量增加导致城市热岛现象发生；
- 排水量加大，排水水质恶化，以及处理标准降低，导致水系中的水质污染加重；
- 出现罕见的寒冷气候，特别多见于日本东北地区以西，出现积雪、冰冻等灾害；
- 高湿度使螨虫、霉菌增多。

以上这些可以按日常和非常时期、季节、地形或地区问题进行分类，其根源和采取的对策各不相同。

解决城市用水问题，提升环境舒适度的品质，首先应了解城市中水利用的水循环概要。为能补偿其中所发生的水利用，应实施准确的"水环境规划"，保持水的合理存在样态及利用方式，同时恰当地处理好使用后的水，确保能更好地实现保护水环境与开发水资源之间的平衡关系。

笔者将用水环境规划及相对应的因素进行了归纳总结，其结果如图2.2所示。

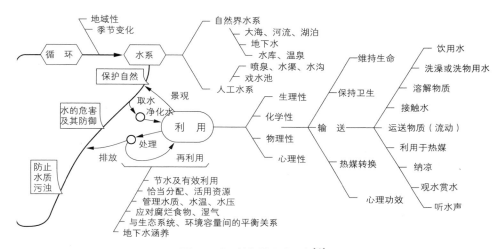

图2.2　水环境规划设计要素[4]

水环境规划要素有：自然或人工的存在形态，水害及其防御，生活、产业、景观等的水利用项目，以及由此派生出来的排水问题等。水循环中，必须实现以水系为主轴去考虑水的存在样态与利用形式之间的平衡，实现节水、有效利用水以及保护水系的目标。另外，如前所述，要在理解水与绿化关系的基础上，努力去保护生态系统，这也是非常重要的。

2.1.3　建筑的定位

城市可看作是建筑的集合体。随着城市化的推进，作为城市基础设施的上下水道得到整治，公园和水景设施建设起来后，建筑也相应地得到了恩惠。

建筑最初是防止外患、保护人身安全、确保舒适室内环境的遮蔽场所，后来逐渐聚集形成城市，它也就变成了给城市环境带来负荷的原始单位。

人类在建筑中生活并进行各式各样的日常活动，相应产生了对水的需求及排放，而为了完善这些，就必须考虑构建城市的水环境及循环型体系。

2.2 水资源、水利用系统[2]

2.2.1 水资源与节水、有效利用水

过去，水的使用量增加被认为是文明的标志，如今，在发展中国家也是，为确保饮用水标准及改善环境卫生，常常会宣传"更多的水"。相反，在先进国家，正在努力推行各种节水方法以削减水的使用量，目前已卓有成效。

日本有各种各样的水利用方式，从图2.3中能看到，生活用水的使用量，从1994年前后的最高峰值开始逐渐呈递减趋势。

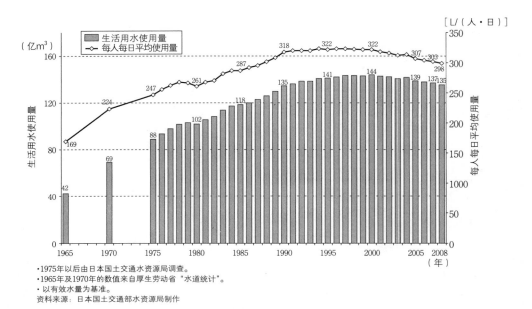

- 1975年以后由日本国土交通水资源局调查。
- 1965年及1970年的数值来自厚生劳动省"水道统计"。
- 以有效水量为基准。

资料来源：日本国土交通部水资源局制作

图2.3 生活用水使用量的变化[5]

另一方面，水资源开发正逐渐接近临界状态，新的应对措施迫在眉睫，一部分需要马上付诸实施。也就是说，要有意识地规划好节水及水的有效利用方法，导入多元式供水及排水再利用等，制订多阶段水利用计划，推进节水设备的普及。除水量、水质外，还要审慎研究水压及水能的有效利用。

这些措施不仅针对给水量问题，也对排水量以及削减能源消耗和节能有极大的影响，反过来，为保护水系而削减污浊物负荷量的问题，仍须进行更深入的评估。

另外，除建筑单体外，地区开发过程中，也应对综合性水利用规划进行立案分析，以构筑循环型社会。

综合性水利用规划的基本条件是，掌握建筑标准以及地区标准下的水收支关系。结合水的用途调整水质标准，与此对应，排水也应根据用途进行划分后再加以回收，并结合适

当的处理方法，或者作为再生水使用，或者利用于排热，或者直接排放出去，这种引进的新型水收支计划十分必要。文献［3］中水的再循环系统的水质变化关系如图2.4所示。

实现这些综合规划的内容有：开发具有节水等功能的器具；雨水、再生水等的利用与

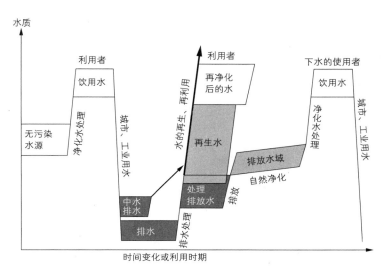

图2.4　城市水利用及再利用的水质变化[3]

处理系统的整治；开发水的有效利用系统；对节省资源、能源的评价；景观方面的水利用；水的替代物的研讨；水压及水能的有效利用。

2.2.2　水再循环的实例与课题

建筑内实施综合性水利用规划的案例[6]参见图2.5，住宅小区内水收支研究案例[7]参见图2.6。此外还有对排水的污浊负荷量进行分析的研究[8]，随着这些研究的深入，后续如何将这些成果用于支持地区开发问题也开始进入策划阶段。图2.7为概念分析图。

众所周知，排水的再利用分为广域循环（中水管道）、地区循环和个别循环（中水设备）三个系统。其总数在2009年全国（日本）已达3424件。但是其中也存在着一些设计不完善、运营和管理不当等未能正确发挥作用的部分。

这就是为什么必须对水循环再利用系统进行再讨论的理由。

关于超越量和质以及时间性、空间性的综合性水利用规划进行立案的问题，我们已经介绍了水的再循环系统的基础，现在需要再深入探讨以下几个方面的课题：

第一，水的输送问题。输送有垂直方向和水平方向，特别是高层建筑的高空竖向输送难题直接与能源问题挂钩。灾害时期的应对策略尤其是一个当务之急的课题；

第二，与水处理相关的棘手问题。如果流程考虑不恰当，叠加以后就有可能出现巨大的损失；

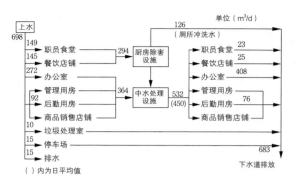

图2.5　地区整体水平衡（规划、设计值）[6]

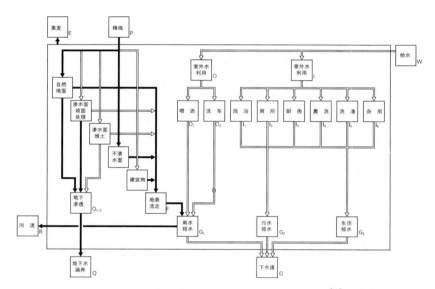

图2.6　住宅用地内的水流动（水流路径与项目）[7]

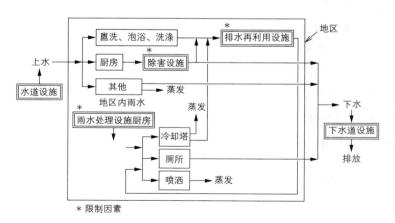

图2.7　地区中水用水设施的水利用，排水系统概念图[8]

第三，引入计量和运营控制管理。如果设计不完善，再循环体系就无法运转。

以上内容的研究案例参见文献［9–11］。

2.2.3　最小水量的概念

从图2.3中可以看到，水的需求量有暂时减少趋势，产生这种倾向的最大原因应该是增强了节水意识，并开发了节水器具。

节水器具的开发案例有：自闭式水龙头、自动水龙头、自动冲洗便器、低水量型便器、逆变器内置型器具等。设置这些器具，一般对应的是设有固定流量阀的给水系统，图2.8所示的就是设有虹吸式水箱和倾翻式水箱的排水系统，此外还有很多其他不同的开发案例。

节水计量时，最重要的是要从保持卫生的原则来考虑"最小水量"的评价，这里归纳

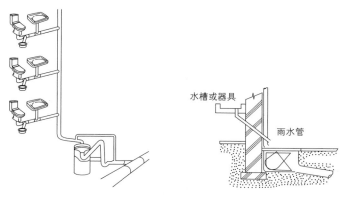

图2.8　虹吸式水箱与倾翻式水箱[12]

整理了一些基础性研究[13]。图2.9所示为基本概念图。这里将水的使用划分为非常时期和紧急时期，从中换算出保证卫生标准的临界水量所需的最小水量。

除此之外，还需要另外探讨一般消费者的价值观以及生活方式。

2.2.4　提高城市舒适性的水利用

如前所述，我们已经迎来了以"亲水"或"水环境"为主来考虑与水的关系的时代，这与提高城市舒适性有着直接关系。

将自然的滨水区域加以改造，从具备景观或亲水功能的角度出发，积极地完善水与绿化空间，使其达到生态学的功能，这对调节气候也具有积极意义。在后面的章节中所阐述的生境以及水景设施部分，是该方向的主要内容。

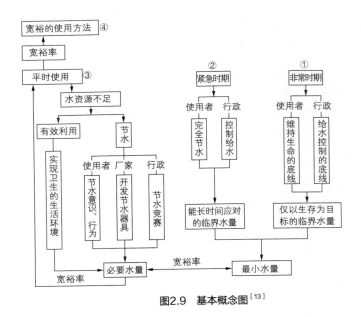

图2.9　基本概念图[13]

这种水的灵活应用，意味着将水的物理特性淋漓尽致地发挥在各种各样的场所中。归纳总结后的基本概要参见表2.1。

2.3　水的功与过

2.3.1　水的功效

地球被称为是水的行星。这不仅仅是因为有大量的水存在，还因为水的热容量使气候得以稳定，从而为众多生物提供了憩息的场所。

图2.2是与人类活动相关的水的5大功能，即维持生命、保持卫生、运输、传热媒介作用以及心理性功效。除此之外，还有发电、船运及工业用水等。

"恩惠之雨"之说，就是指水对维持植物及农作物生长发育不可或缺。仅依靠梅雨季节的雨水和空气中的水分而生存的植物极为常见。动物也同样有这一种类。

日本温泉众多，泉质也多种多样，它们对不同的疾病有各种疗效。如果像露天浴池那样，与景观结合考虑来做设计，就能展现出心理性功效。

表2.1

水的物理特性与用途[14]

水的物理特性＼水的用途	分类项目＼用途 物理特性	1. 维持生命用 (1)饮用 (2)做饭 (3)饲养动物 (4)植物栽培	2. 生活、卫生用 (1)清洗 (2)保存食材 (3)医疗	3. 精神层面用 (1)观赏 (2)娱乐运动 (3)空间秩序 (4)宗教节日 (5)控制时间	4. 调节环境用 (1)清洗 (2)加湿 (3)制冷供暖 (4)灭火	5. 产业运输用 (1)冷却 (2)溶解 (3)运输 (4)动力
1. 流动	(1)依靠重力或压力流动 (2)移动物体 (3)积存形成水平面	○饮用 ○清洗 ○饮用灌溉 饮料 血液 养分	○盥洗 按摩○ 雨、河、瀑布 高湿、意味 水 养	○方向线 河水向下流涡 水平基准面、开敞面	○清洗	○冷却 ○运输 船 木材
2. 重量	(1)1g/cm³ (2)使物体浮沉(比重1)		○水中悬浮 绿藻球	漂流灯笼○		
3. 湿润溶解	(1)湿润 (2)溶解		○药 滴水石、柏水 雪花	洗礼○	○喷洒	飘然物品
4. 热	(1)吸热(液体状态) (2)吸热(蒸发状态) (3)放热	冷饮○	冰浴、冷浴○ 冷却西瓜 沉入水中、湿布 加热	按摩○ 温泉 游泳 酒	大海、贵船河 消防喷洒、雨 蓄热池、温水供暖	○冷凝塔
5. 声音	(1)发出声音 (2)传递声音 (3)反射声音			小溪、瀑布○ 池中音乐会 水上音乐会		
6. 光	(1)透光 (2)反射光		洗涤 清洗 冲厕所 洗车	浅滩、彩虹○ 倒影、反射	庭院 建筑 街道	
7. 连续	连续体			焦点、连接线、分离块○	消防用水○ 灭火	水车 水发电 动力

2.3.2　水的危害

影响最大的危害就是台风、暴雨集中而造成的水害以及地震带来的海啸。另外，旱灾也直接给生活带来极大的困扰。日本的降雨非常富有地区性和季节性变化，预测起来十分困难，而水害及干旱缺水的发生次数也呈逐渐增加的趋势。

水系传染病也是应该引起注意的课题。虽然通过彻底的预防对策可以减少其发生次数，但相应地又会出现新的问题。

建筑中，因水的样态变化所带来的危害如表2.2所示。

水的不同样态带来的危害[15]　　　　　　　　　　　　表2.2

因＼果	水	冰（雪）	蒸气
水	压力渗透、白化现象、水垢污染、真菌、氧化、局部电解、毛细管渗透、洪水	上冻、霜柱、冰柱、冻融破坏、可移动部位被冻结 水管破裂、浴池破坏、面层冻结易滑倒	防水层膨胀、表面涂层起翘分离
冰（雪）	飞入的雪造成溢水 冰溜子 融雪浸水	雪的压力性破坏、刮雪花、屋檐塌落、踏落、落雪、落冰、雪崩事故	
蒸气	结露、污染、湿性霉菌、氧化、透湿性恶化	霜降（冰华） 涂层粉状化	产生湿性霉菌、白蚁害、氧化

第**3**章
生境的形态
与作用

3.1 建筑外部空间中水与绿化的形态

3.1.1 建筑外部空间中的水与绿化的定义

提及水与绿化，会有各种空间尺度及场所的设定，本章的主要焦点是如何将水与绿化引入建筑外部空间，以及如何应用它们。这里所说的建筑外部空间，是指从私人住宅的庭院到工厂、学校等较大规模用地中的建筑外环境部分，包括住宅小区及再开发地区的街区广场、绿地、公园等。这些空间虽然有像混凝土、沥青这类材料构筑的坚固、安全、无生机的空间，但大部分空间内还是种植了树木、草坪等绿色植物，还有很多小溪、池塘等水景设施（在第7章中有详细陈述），这些要素成为影响空间品质的重要因子。

本章以使用浅香、小濑地区的水与绿化空间照片实施的实验调查为基础，探讨了人们从视觉传达及印象评价的角度如何分类建筑外部空间中水与绿化的形态。这是水与绿化空间的设置主体即业主、设计者、管理者以及使用者间相互达成意向共识而准备的基础资料。

3.1.2 视觉认知角度的水与绿化空间的聚类分析

首先对浅香、小濑地区相似的94张水与绿化空间图像，按类似度进行归类后对被试者实施了实验调查。从调查结果中提炼出了人从视觉认知角度区分水与绿化空间时的4个主要方面和特征。现分别从这4个方面对分类出来的11种类型进行说明。

4个主要的方面是：

- 有无水面（+有水面，−无水面）；
- 位置、整治状况（+城市，−农村）；
- 水体样态（+池塘，−流水）；
- 是否容易接近（+易接近，−难接近）。

最主要的方面是"有无水面"，它是决定视觉形态的重要因子。其次是"位置、整治状况"，如果有建筑、人工的构筑物或材料，则被认知为城市类型，相反，没有上述内容且多为自然材料的空间，则被认知为农村型。另外，如果植物中，树木种植的是园艺类品种，草坪也是修剪成型的状态，则也被判断为城市型，相反，则被判断为农村型。也可以这么认为，城市型空间是身边就存在的空间，自然型空间则是离人们的居住地较远的空间。

"水体样态"指是像河流、小溪、水渠那样水呈流淌状态，还是像池塘那样水呈存留状态，或者中间完全无水状态。流水的空间呈线状，池水空间呈面状分布。"是否容易接近"方面，如果存在人可以接近或进入的园路、广场、木平台等要素，则被认为易接近；如果岸边有水生植物、栅栏，地形高差较大，则被判断为难接近。难接近空间往往野生生物容易生息，所以，易接近空间并不一定就是好的空间。因此，应结合规划用地与周边环境、使用目的来搭配组合这些项目。

接下来，描述一下从4个主要的方面分类出来的11种水与绿空间类型的形态和特征。各类型从左至右分别以a（有无水面）、b（位置、整洁状态）、c（水体样态）、d（是否容易接近）的顺序用轴的正负（+，−，0）来表达。归纳整理后的内容参见图3.1，分类中的图片是具有代表性的类型。

（1）++++（有水面、城市型、池塘、易接近）

用堆石组合、混凝土、瓷砖、成品水池建造的具有人工形态的水池等水景设施，是设置于住宅的外部、街区公园中的类型。菖蒲园之类的水生植物园也包含在内。是以人的使

图3.1　视觉形态角度的水与绿化空间的聚类分析

用为优先的形态。

（2）+++-（有水面、城市型、池塘、难接近）

与（1）不同的是，该类型有规模尺度较大的池塘，池岸上有植物，因此人不易接近。这一点也是野生生物的最佳生息场所。

（3）++-+（有水面、城市型、流动水、易接近）

与（1）不同的是，这里不是池塘，而是流动的水，像公园中的水路、住宅周边的小溪等属于这一分类。水岸呈垂直状态，其特点是能与水有更近的接触机会。

（4）++--（有水面、城市型、流动水、难接近）

有规整得非常好的小河流、戏水池等。由于水面较宽广且水岸被植物覆盖，因此与水较难接近。

（5）+-++（有水面、农村型、池塘、易接近）

无法频繁进行植物管理，野草的生长呈散乱状态，与（1）有很大的差别。池塘的规模尺度较小且设有园路，因此较易接近，是观察水生生物的最佳空间。

（6）+-+-（有水面、农村型、池塘、难接近）

与（5）的区别是，由于有栅栏或岸边生长着植物，因此是个很难接近的场所。是生物生息的最佳空间。

（7）+---（有水面、农村型、流动水、难接近）

与（6）的区别在于水是流动的，周边状况基本相同。水岸护坡未整治的农业用水渠属于此类。

（8）-+0+（无水面、城市型、无、易接近）

城市公园内的绿地、有行道树的街道、屋顶花园等方便人出入而无水面的绿地。其特点是人工开发地形，空间中大多是长有野生芒、一枝黄花等植物的荒地。

（9）-+0-（无水面、城市型、无、难接近）

是城市公园和集合住宅用地内的绿地或者农田，与（8）不同的是，没有园路，有栅栏或高差，因此较难接近绿地。

（10）--0+（无水面、农村型、无、易接近）

自然公园中的散步道、杂树林属这一类型，有修剪低矮的草坪、园路、木栈道，是容易接近的形态。其实也是偏僻山村景观。

（11）--0-（无水面、农村型、无、难接近）

湿地等自然气息浓厚的空间，即使有园路，但人不太情愿进入的场所。是野生生物憩息的最佳空间。

另外，虽然+--+（有水面、农村型、流动水、易接近）的空间在实验中未能提炼出来，但是像三面有护岸的农业用水渠属于此类型。

3.1.3 从印象评价角度对水与绿化空间形态的分类

从3.1.2的分类试验中抽取了20张代表性图片展示给被试者，并用14对形容词的对应判断进行了印象评价试验，从中提炼出水与绿化空间的"舒适性"、"自然性"、"日常性"这三个评价因子。在此基础上，为能清晰展示图像评价的类似程度，将评价值以二维坐标系的方式绘制出来，从而明确了印象评价的标准是"空间利用的舒适性（人的利用—野生生物的生息）"和"空间的大小（大—小）"。图3.2是以解析的数据结果为依据，并附加了水和绿化空间的代表性形态。

以下，通过二维坐标系的各个象限来说明水与绿化的形态。

（1）适合野生生物生息的较小空间（右上部分的第1象限）

这个象限里有位于郊外的农田、水渠道路、水库、杂树林等，是孩子们可以捉虫捕鱼的场所。这里是适合野生生物生息的空间，但是存在人不太容易接近的状况。从生态学角度而言，比较希望能与此类空间有联系，但如果设在住宅的近旁，就会产生较大的抵触情绪。维护此类景观的方法是，定期进行除草、剪枝、清除落叶等方面的管理。对于池塘和流水也一样，需要经常修剪水生植物，做好定期维护管理，这样才能维持良好的水质。

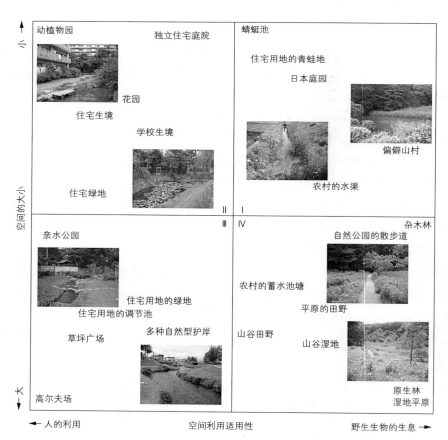

图3.2 从印象评价角度对水与绿化空间形态的分类

（2）适合人利用的小型空间（左上部分的第2象限）

属于这一象限的是住宅中的庭院及庭园、花坛等种植有园艺品种的植物且需要好好维护管理的空间。是适合人亲近自然的形态，但由于是人工做成的空间，因此，园路及水岸的形态、植物的选取种植都有较强的人工造作感，几乎不太适合野生生物的生息。建造于住宅周边或学校中的生境，当处于空间整治的初期阶段时属于此象限，然后会逐渐移至第1象限的Ⅰ中。由于建造的前提是需要人工引入水与绿化，因此需配备水管、地下引水、循环、净化、排水、灌溉等方面的设备。

（3）适合人利用的大型空间（右下部分的第3象限）

属于此部分的是城市公园及小型河流、戏水池等城市中存在的大型绿地。这里有可供人们在绿地中行走的平整步道和休息的座椅，是地区内供人们休闲的场所。修剪平整的草坪也是其特征之一。是适合人与生物进行互动的空间。

这种大型空间，比较麻烦的是需要人工维护管理，须有地下水、泉水等能保证持续供水的场所，植物的培育应尽可能选择适合当地环境的品种，否则就会变成维护管理不佳的空间，对人和野生生物来说，有可能会成为一个不愿接受的野草丛生的蛮荒地。

（4）适合野生生物生息的大型空间（右下部分的第4象限）

大型河流的堤岸或湿地、大规模农田、自然公园等留存于大自然中的空间，是生境的定义中所描述的"野生生物栖息地"的最佳空间。应充分掌握土地自身以及周边环境的特性，尽量避免依赖人为因素来维护和管理水与绿化空间。建筑的外部空间会有很多人工建造的地形，要想将其建造成能维系此类型生态系统的空间，则需要经历漫长岁月的磨炼。

3.2　建筑外部空间中水与绿化的作用

3.2.1　水与绿化空间时代带来的转变

水与绿化空间具有提高地区环境品质的作用，围绕这些设施所发生的环境变化以及社会局势，也使其形态不断发生着如图3.3所示的变迁，其范围还在不断扩大。本章节所阐述的水与绿化空间的变迁，是从1970年以后，日本发生了从开发向环境保护的方向性转变开始的。

首先，从以水为主体的变迁来考察。日本最早的水景设施，是1970年最初提出"亲水"概念之后，于1973年在东京都江户川区建成的古川亲水公园（图3.4），而在此之前，该公园一直以日本庭园及欧式公园中常见的水景设施的方式存在着。过去，在以水运输或洗涤、养殖场用水等水与日常生活紧密相关的时代，重视的是防止水害的"治水"、水利用的"用水"，而对"亲水"概念并没有特别的关注。但随着城市治水、用水技术的推进，护岸建设整治、发展暗渠、水质恶化等反而导致人们断绝了与水之间的联系。

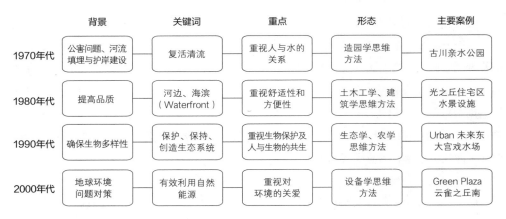

	背景	关键词	重点	形态	主要案例
1970年代	公害问题、河流填埋与护岸建设	复活清流	重视人与水的关系	造园学思维方法	古川亲水公园
1980年代	提高品质	河边、海滨（Waterfront）	重视舒适性和方便性	土木工学、建筑学思维方法	光之丘住宅区水景设施
1990年代	确保生物多样性	保护、保持、创造生态系统	重视生物保护及人与生物的共生	生态学、农学思维方法	Urban 未来东大宫戏水场
2000年代	地球环境问题对策	有效利用自然能源	重视对环境的关爱	设备学思维方法	Green Plaza 云雀之丘南

图3.3 建筑外部空间水与绿化的变迁[3]

图3.4 古川亲水公园

图3.5 光之丘住宅区春之风公园

图3.6 深作多功能戏水场

图3.7 Green Plaza云雀之丘南

在这样的背景下，我们应该挖掘的是去关注人所拥有的与水亲近的本性、人工复活清澈流水等问题。古川亲水公园建造目的，就是还原河流的清澈流水，从江户川引入河水，经净化后再使用，护岸也是用岩石或混凝土来固定，但这造成了鱼类等生物处于难以生息的状态。

1970年代，人们关注的是像古川亲水公园那样，能把人和水的关系联系到一起的水景设施（复活清澈流水），而1980年代，关注的则是像在光之丘居住区中设置的、以四季为主题的水景设施那样，使人与水有更深入关联的水景设施（滨水区，water front）（图3.5）。

到1990年代的时候，以地球环境问题为背景，关注点为从生态系统考虑而设置的多功

图3.8　多摩新城永山住宅区

图3.9　多摩新城Live永池地区

能戏水场以及具有水循环的水景设施（图3.6）。而到了2000年代，利用自然能源来削减环境负荷以及自然净化等措施的组合应用，开始出现很多综合性引入考虑各种环境的自然观察设施（图3.7）。

其次，从以绿化为主体的变迁过程来看，第二次世界大战以后，经济高度发展带来了从农业社会向工业社会的转变，而这种社会变化，导致大量的绿地和农田流失。1960年代开始至1970年代前半期，出现了初级阶段的新区开发，当时在土地利用方面极少预留绿地空间，而优先考虑的是，如何将丘陵地带改造成平地用于住宅建设（图3.8）。此后，1974年针对工厂制定了工厂用地法，规定了具有一定规模的工厂，必须在其用地内设置一定比例以上的绿地空间。住宅区也在1970年代后半期之后开始，规定了应尽可能保留原有地形，人行道与车行道分离且必须留出步行者专用的绿荫路，公园通过绿荫路而连接起来。1980年代后半期，在保证街区的整体统一性原则下，提出了要保护和完善原有绿地空间，将过去用于农业的山地林及低地林保留在现代生活中（图3.9）。到1990年代后半期以后，如上所述，在谋求与生物互动的同时，以节能及能源的有效利用为前提去创造水与绿化空间，建筑外部空间中的水与绿化空间也就自然而然地融入城市规划及建筑设计、设备设计等各个领域中。

3.2.2　水与绿化的功效与作用

建筑外部空间中水与绿化的功效与作用，按照3.1.3节中两个方向的评价轴所显示的4个象限进行了归纳整理，其结果如表3.1（文献［3］改编）所示。功效的大小不是根据研究证明而得出的，而是对比各个象限的空间形态而相对整理出来的。

功效可大致分为"印象"、"利用"、"环境"这三类。不仅是野生生物的生息空间，原本也是维持人类生命不可或缺的水与绿化，因为存在于建筑的外部空间中，才会让人们获得安全感。此外，绿地所具有的雨水渗透功能，可以调节涌入进来的洪水，其他还有：利用水的热容量大小和潜热产生的冷却功效、通过光合作用提供氧气和碳固定等调节环境的功效、在视觉认知上可提高视觉审美（综合舒适性）功效等等，水与绿化在建筑内外发挥着各种各样不同的功效。

建筑外部空间水与绿化的效果与作用 表3.1

大项目	小项目	Ⅰ	Ⅱ	Ⅲ	Ⅳ	注意事项
印象	提高景观品质	▫	○	○	▫	不仅关注视觉效果，还要关注地区的历史、文化、自然环境。考虑水边及绿地的可行性
	提高企业及街区形象	△	○	▫	△	将关爱环境的态度具体化并有效利用，如不严格管理可能会有相反效果
	标志物	△	○	▫	△	较有效的方法是利用喷泉、景观树来强调垂直感
利用	消遣娱乐	○	△	▫	○	人可进入的空间越多，越容易达到消遣娱乐的目的
	形成地区共同体	▫	▫	△	○	可开展自然观察、清扫、保护等交流活动
	促进健康	▫	○	○	▫	负离子或植物杀菌素等具有各种效应，但是也要考虑会有军团菌属和马蜂出现，带来负面影响
	生产农作物	▫	△	△	○	与地区的农业相连接十分重要
	防灾据点	△	○	▫	△	水可以用作消防用水、饮用水，植被则具有防止燃烧、阻止火势蔓延的作用
环境	有效利用生活中排放的资源	○	▫	○	△	屋面雨水利用、排水再利用、厨房垃圾堆肥等，离居住用地越近越能起到有效利用的作用，但在费用、质和量的维护方面会比较困难
	动植物的生息	○	△	○	▫	空间越大，与地区环境越容易交融，且人越容易接近，则效果越显著
	净化水与空气	▫	○	○	▫	蓄存水可利用芦苇和水草净化，流动水可以考虑用石砾空隙净化。利用植物进行水质净化应有正确的维护管理
	缓和微气候	▫	○	○	▫	规模越大越有效果。不仅有物理性效果，还要考虑对心理方面的影响（在视觉上有清凉感）

注：Ⅰ：适合野生生物生息的小空间；Ⅱ：适合人利用的小空间；Ⅲ：适合人利用的大空间；Ⅳ：适合野生生物生息的大空间。
▫：特别有效果，○：有效果，△：有一定的效果。

但是要注意，位于这些象限的空间，并不能限定人和动物的行为。例如，图3.10中公园、广场里的水景设施可以观察到麻雀洗澡，同时观察到其他的鸟也作为饮水或洗浴场在使用。另外，在图3.11的多自然型护岸的小河流中，能看到孩童们活跃的身影。因此，所针对的对象并不是以空间利用是否处于最佳状态来设定，而是以人或生物是否利用为依据去开展规划、设计和维护管理。

设置在以屋顶、屋面、人工地形为主的特殊空间中的水与绿化，从调节微气候、缓和热环境、空间有效利用等方面的功效来看，它对只能在限定的土地上进行利用的城市而言发挥着重要作用。这种空间，会给建筑的顶部带来恒荷载，因此主要使用比重较轻的人工土壤。这些特殊空间都比较靠近人们的生活空间，因此要考虑病虫害对人类的影响以及植物根系的生长发育对建筑的影响。

图3.10　飞入水景设施中的麻雀

图3.11　在多自然型护岸的小河中捞鱼的孩子们

第4章
循环型社会背景下的
城市自然再生

城市中植物对自然环境的作用是多方面的。近几年追求的功能需求有如下几方面：控制热岛现象，防止全球变暖，火灾时具有阻燃功能，生物网络（Bio-network）的中转站，生物多样性的重构与保护，环境科普的学习场所等。

4.1 自然再生的定义

4.1.1 如何可以实现自然再生？[1]

近几年，在各地学校、公共设施、私人庭院中进行自然再生（生境营建）的案例不断增加。其原因就是，城市扩张导致自然环境减少、化石燃料的大量使用连带大气中的CO_2浓度升高和气温上升，从而引发气象变动（图4.1）等，环境问题与我们的日常生活息息相关，甚至危及未来的生活环境。此外，以食品卫生、农药残留问题等为背景，市民期待安全的食品，渴望没有农药及化学合成肥料的花园或菜园，这些都成为对自然需求的强有力的后盾。

生境营建恰好迎合了自然再生的理念。根据环境部的数据统计，日本的"濒危物种"和"接近濒危物种"的数量已超过3200种（表4.1）。

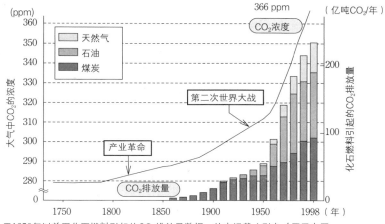

无1850年以前因化石燃料引起的CO_2排放量数据，故未记载（引自《原子力图集》电气事业联合会，2002～2003年）

图4.1 化石燃料引起的CO_2排放量与大气中CO_2的浓度变化

这一背景与偏僻山地山村的用地转型、大规模开发造地工程建设等有很大的关系。据国土交通部数据统计，日本从1971年到1999年的仅仅30年间就侵占丘陵和农田用地共计约37万hm²，大约平均每年有12750hm²的丘陵和农田被改造为住宅用地。据农林水产部的数据显示，随着天然林的砍伐以及农业用地转用，从1966年开始至1999年，仅仅33年间，引发花粉症的松木和日本扁柏人工林的面积约增加200万hm²，大约每年平均增加6万hm²。而在1961年，农业用地面积约为620万hm²，到1994年约为508万hm²，33年间约减少110万hm²，每年大约减少3.3万hm²。

表4.1　濒危种群的激增[1]

约50%依存于偏僻山地山村	
哺乳类	：42种
鸟类	：92种
两栖、爬行类	：52种
汽水（咸淡水）、淡水鱼	：144种
昆虫类	：239种
贝类	：377种
无脊椎动物	：56种
维管束植物	：1690种
维管束植物以外	：463种

引自环境部《第三次生物多样性国家战略》

（参考）

青鳉	：环境部濒危Ⅱ类
黑斑蛙	：和歌山县临近濒危
桔梗	：环境部濒危Ⅱ类
鹭兰	：环境部濒危Ⅱ类

另一方面，下一代孩子们的自然感觉以及生活感知、价值观、人生观都在发生巨大的改变：①不了解自然，惧怕；②不熟悉农、林、渔业等谋生产业；③不懂得生命的宝贵；④不能相互结交朋友；⑤游玩或物品都靠金钱来换取等等。换言之，这些其实是代表着人类"人工化"的推进。生存的技能如何才能传承给下一代，解决这一问题的钥匙就是，以建造学校生境空间为契机，开展保持偏僻山村风貌、实施自然再生等活动。

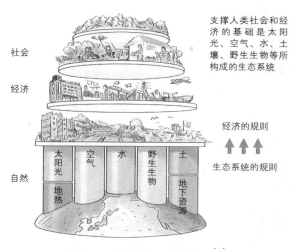

图4.2　生态系统与经济的关系[1]

　　包括日本列岛在内，经济型社会与人类的生活都涵盖于地球的生态系统之中。不遵守生态系统的规则，经济型社会也就无法存在并延续下去（图4.2）。为实现可持续循环型社会，就必须再生和修复被灭绝、损伤的生态系统。

　　近几年，制定了一些法规，像《新生物多样性国家战略》（2002年国会内阁议会决定）和《自然再生促进法》（2003年）、《生物多样性标准法》（2008年）、《生物多样性国家战略2010》、《为促进地区开展利用多种主体间的相互协同去保护生物多样性的活动的相关法案》（2010年国会内阁议会决定）等各项措施法案。自然再生和保护生态系统的机会在不断增多。

4.1.2　谁都可以进行的生境建造=自然再生

　　为再构建可持续循环型社会，传承安全、安心的生活，建议对未来不利的开发行为要慎行，期望那些在各地被遗弃的人工开挖建造地能得到自然再生。无论是城市、农村、非农林山地、个人、朋友还是团体，任何人、任何场所都能参与到为自然再生而作贡献的生境建造中。公寓的阳台或屋顶，外围环境的种植、檐廊等，在各种各样的场所中，从一盆植物种植箱、一盆水钵开始，就能开展实战体验（图4.3）。即使只栽培一株番茄、茄子，也能使生境发挥其作用。公寓的阳台、屋顶可以变成生境。公寓屋顶的耕田，还起到缓和城市热岛、作为生物网络的中转站的作用。收获安全放心的稻米，为居民提供交流的场地，同时也给孩子传授生存技能。高层建筑的屋顶也可以用种植槽做成小型树林或田地，局部设置水边生境。1年后，水边会长出菖蒲、燕子花等水草，田地能收获辣椒、蓝莓、金桔等。此外，白尾灰蜻

无农药、无化学肥料栽培的　公寓屋顶的水田与田地种植
屋顶菜园

屋顶的自然再生　　　　　由一个水钵建成的生境

图4.3　任何人、任何场所的自然再生（大厦或公寓）[1]

稚虫、红蜻蜓等生物会慢慢定居下来，虽然规模微小，但也再生出了一个局部的生态系统。

　　独栋住宅中，庭院、家庭菜园、停车场、檐廊等，能用于营建生境的范围很广。业主可以整理出菜园、果树园、池塘、堆肥场、林地，蔬菜、果实与生物能互惠互利。另外，充实吃与被吃关系所形成的生态系统的关键是，即使是面积受到局限，也要组合搭配好林地、果树园、菜园、草地、滨水地带、堆肥场等空间（图4.4、图4.5）。

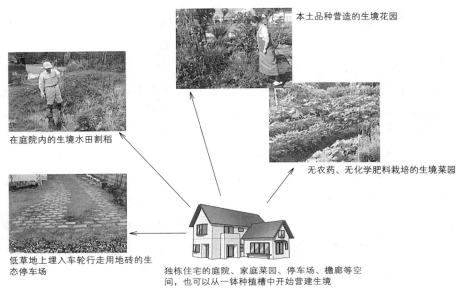

本土品种营造的生境花园

在庭院内的生境水田割稻

无农药、无化学肥料栽培的生境菜园

低草地上埋入车轮行走用地砖的生态停车场

独栋住宅的庭院、家庭菜园、停车场、檐廊等空间，也可以从一钵种植槽中开始营建生境

图4.4　任何人任何场所的自然再生（独栋住宅）[1]

水边、小树林、花坛、果树园、菜园、绿篱、草地、生态堆等构成的生境住宅

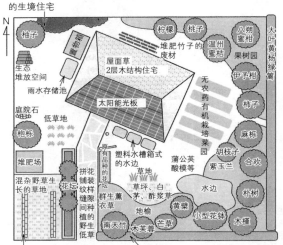

停车场（铺设和田产地面用地砖）　缠绕了三叶木通、薜荔、钝齿冬青的栅栏

为了让更多种类的动植物引进并定居下来，将树木以凹凸状立体林带方式种植，其内侧配有水边、草地、菜园、果树园、堆肥场等，各种环境构造组合。

图4.5　生境化独栋住宅的庭院与外围[1]

　　城市公园可以设置水生植物和生物较丰富的池塘沼泽，种植一些像柳树类的低矮灌木、果实成熟后可为野鸟提供饵食的荚蒾、蝴蝶类中细带闪蛱蝶的食树、长有茂密的能成为蟋蟀栖息地或绿雉鸟与三道眉草鹀筑巢地的齿叶溲疏或芒草丛、有铃虫或蚱蜢生息的芒草或地榆等野草混杂丛生的草地。种植单一品种的地被类植物的草坪广场，可以将其慢慢变成蝴蝶或蝗虫生息的蒲公英、齿缘苦荬等野草混生的低草地。

　　幼儿园、小学、初中、高中等教育机构可以让学生、教职工、家长、地区市民协同合作，共同体验和建造生境。如果能有效结合教科书的教育，不仅可以让自然再生，也能培养孩子们对自然环境的记忆和思考（图4.6、图4.7）。

堆肥场与水边进行配套设置也是营建生境的关键之一

偏僻山村附近的学校生境（纪国儿童　　　　　　　普通的学校生境
之村中小学校）

图4.6　任何人、任何场所的自然再生（中小学校）[1]

存储后用作灌溉水及池水的补给循环

图4.7　任何人、任何场所的自然再生（落叶、落枝的堆肥化与循环）[1]

4.1.3　地区整体的生境化

如果将生境的覆盖范围扩展到整个地区范围，生物的种类和个体数量增加后，最终能延展成为生态体系金字塔的底座。这样，蚊子、大黄蜂等不受欢迎的生物也会减少。通过营建环境和观察自然，不仅加深了地区的交流，也能实践和学习到环境科普方面的知识（图4.8）。

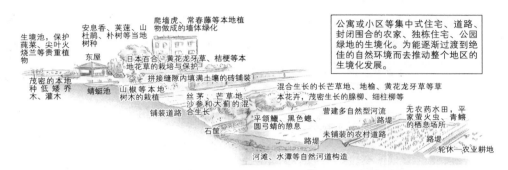

图4.8　地区整体的生境化发展[1]

除私人的土地和建筑外，生境营建也同样适用于其他类的城市公园、中小学校、市民会馆、医院、市县村办公楼等公共设施。对于国家或省市县所管辖的河流，也可以提出积极运作多种类自然型河流建造的方案。我们个人的家园也包括在内，为了让周边重现美丽的自然环境并留传给下一代，从个人到地方政府以及国家的管理机构等整个地区范围都应该实施生境化。依靠个人再生公共空间中的自然环境，无论在体力还是在经济上都很困难。可以招募那些有相同想法的人，与管理人员达成长久协议，把地区再生成人人钟爱的自然空间。这是十分重要的。

4.2　谋求自然再生的基础知识

4.2.1　什么是生态系统[2, 3]

生态系统（ecosystem）是指在某一空间内由所有的动物、植物、微生物组成的生物共同体的生物性因素（biotic factor）和地形、土壤、气候、水文等无机性环境因素（非生物性因素）相互作用而形成的系统。生态系统是能源与物质的循环体系，随着时间的推移，也是动植物样态和阶层构造的变化过程（图4.9）。

（1）能量、物质循环

生态系统是通过太阳获得能量的循环，在其内部存在碳、氧、氢及营养盐的循环系统。绿色植物（生产者，producer）吸收的太阳光能，通过初级消费者（食草动物）固定一定能量后，再依次通过次级、三次、更高级消费者（食肉动物，consumer）的捕食活动来转移能量。生物获取的太阳光能又通过动植物的遗体和粪便分解释放到大气中。这部分

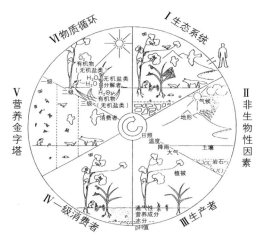

图4.9　生态系统模型图（Blab，1978年）

分解由土壤动物或微生物来分担。这些生物则被称为分解者（decomposer）。物质通过生产者变为有机化合物，通过捕食转移到消费者，最终通过分解者返回变成无机化合物。

生物的"吃—被吃"的网状结构被称为"食物网=food web"（图4.10）。生态系统中不同营养阶段的生物量（biomass）或者能量传递累积关系图被称为"生态金字塔"。生物量和个体数在生产者中最大，随着营养阶段的递进而逐渐减少（图4.11）。

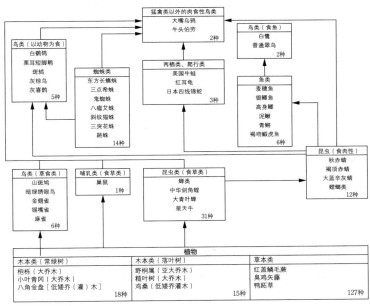

高速公路的立体交叉口内设置的生境，在竣工后第二年的食物网关系模型图。调查中出现的种群间的"吃与被吃"关系是根据现有知识总结的。本图表的关系网，对掌握生态系统的构造和功能十分有用，但也要注意，这里表述的内容仅仅是生态系统中的一个侧面而已。

图4.10　食物网模型图[4]

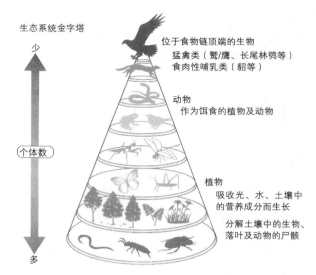

生态系统金字塔

少

个体数

多

位于食物链顶端的生物
　猛禽类（鹫/鹰、长尾林鸮等）
　食肉性哺乳类（貂等）

动物
　作为饵食的植物及动物

植物
　吸收光、水、土壤中
　的营养成分而生长

分解土壤中的生物、
落叶及动物的尸骸

图4.11　生态系统金字塔[1]

（2）演替

随着时间的推移，某一地区生物共同体的种群组成和结构会发生变化，会向其他不同的生物共同体转变。这种时间性变化的过程被称为生态演替（ecological succession）或演替，而植被的演替则被称为植被演替。从裸地开始到具有初生演替的一二年生草本期、多年生草本期向低灌木林期转变，经过次生演替的喜阳高木林期、耐阴高木林期，最后形成物种组成和构造均能保持动态平衡状态的顶极群落（climax），演替现象基本结束。顶级群落阶段的内部会反复重复拼花状式小演替，但整体呈稳定的状态。另一方面，对于动物而言，伴随着植被的演替，结合移动能力，其生息的种类也发生着阶段性变化。例如，像城市区域那样，外部的种群供给中途被阻断后，该场所（区域）就有可能出现偏途演替。

4.2.2　生态系统的特征[3]

日本偏远山地山村的特点，是由水田、农田、小河流、杂树林、竹林等组成的镶嵌构造。在这里，村民以资源保持为基本前提，为获取食粮和燃料而反复发生着持续性破坏活动。这种人为活动会再生出一个复杂的环境构造，其间生息、繁衍着多种多样的动植物（图4.12）。如今，随着土地利用和生产活动的变化，这种镶嵌构造正在逐渐衰退消亡。因此，像田鳖、桔梗这类过去极为普遍、常见的动植物也在大量减少，逐渐向濒危物种靠近。现在，连泥鳅、田鸡这样普通生物的生息状况也面临着危机。另一方面，城市区域中，绿化的面积和规模在缩减。同时，道路及构筑物等隔断了地表的连续性，阻碍了地面爬行类动物的移动。由此降低了种群供给繁衍的潜能，生物多样性受到限制的状况越来越多。

6月上旬，农历端午时节的传统节日中描述的鲤鱼跳龙门，田埂间种植麦田的画境。嫩芽交替变换的杂木林，山野中炊烟袅袅。

图4.12　到1954年为止偏远山村山野中的环境镶嵌模型构造（引自文献［5］原图，井江荣）

4.2.3　生态系统的划分

日本的生态系统从与人的相关程度可划分为3个区域。在评价地区的生态系统时，应明确该地区属于以下哪个部分。

（1）天然自然区域

也就是已存在的自然生态系统。是未掺杂人为因素的状态，动植物依靠自身反复循环完成世代交替（自然更新）的地区，目前已减少到只有日本国土的20%以下。此区域应排除开发行为等外部压力，依托自然演替来谋求保存（preservation）、保护（protection）。

（2）二级自然区域

与天然自然区域相比较，该区域是通过整治农田及林地、栽培农作物、拾取木柴或落叶落枝、捕获鱼类或野生鸟兽，并开展相应的持续管理而形成的偏远山地山村地区，是农村生态系统结构。该区域占日本国土的70%以上，保持持续性管理与保全（conservation）非常重要。

（3）人工自然区域

像城市街区、建筑物等那样，地形或土壤、动植物样态等被改变，是人为建造、管理的地区。是城市生态系统结构。占日本国土的10%左右，基本内容是绿地或屋顶绿化等的"营建"。本区域再生和保全二级自然的各项因素。

4.2.4　生态系统的构造

掌握生态系统的关键是，在把握生物的生息空间构造的基础上，探讨各个空间的规模和布局。

（1）空间体系[6]

生境（biotope希腊语bio=生命+topos地点——译者注）是指"特定的生物群体可生存的、具备特定环境条件的某些地区"。对于昆虫类等特定生物群体而言，是由能保障其生存的环境因素及最小限度的地理性空间单位组成[7]。此定义等同于生物的栖息地（habitat，生息环境）。另外，以地形、地质、水文、气象等环境要素组成地质学最小单位的地质构造（geotope，地质环境）和以此地学环境为前提而定居下来的动植物的生物最小单位——生境（biotope，生物环境）合并，最终形成生态最小单位——生态区（ecotope，生态环境）。还有一种说法，就是一定地区内的生态环境组合后形成生态系统。狭义的生境就是指生态环境，生境内存于生态系统中才能延续下去。也有像水甲虫（龙虱）这样幼虫时期在水中生活的昆虫及在水中产卵的山椒鱼等两栖动物，它们会结合各自不同生长阶段而利用池塘或杂木林等多种生态环境。

（2）空间规模[8, 9]

绿地面积和种类数量之间存在着有效的相关性（图4.13）。保护鸟类生息环境也需要依托空间规模。

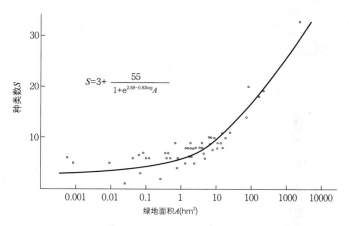

$$S=3+\frac{55}{1+e^{2.68-0.83\log A}}$$

图4.13　绿地面积与繁殖期生息的野鸟种类数的关系[10]

生物可分为3种：在均质空间中生息的"岛状（island）"种类，利用多种生态环境的"嵌套状（mosaic）"种类，采集分散植物才可存活的"斑点状（dot）"种类（图4.14）。"岛状"种类受空间规模（面积）的影响。利用多种生态环境的"嵌套状"种类受异质空间的嵌套式布局及其空间之间的连结性的影响要比空间规模大。举一个例子来说，"嵌套状"的斑嘴鸭，其摄食、休息、筑巢、避难等各个生活行为，会分别利用水面、裸地、从株高较低到较高的草地以及低矮的林地。非繁殖时期的生活活动圈大于繁殖时期

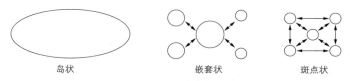

岛状　　　　　嵌套状　　　　　斑点状

图4.14　不同种群的空间利用方法[5]

植被 水分条件	裸地	草木地		林地	
		低株	高株	低木	高木
水面/水中	觅食			休息	
湿润性		筑巢			
干燥性					

斑嘴鸭的生活行动范围的构成

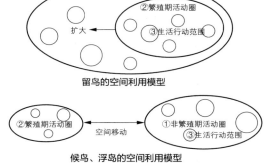

①非繁殖期活动圈　②繁殖期活动圈　③生活行动范围　扩大

留鸟的空间利用模型

②繁殖期活动圈　①非繁殖期活动圈　③生活行动范围　空间移动

候鸟、浮岛的空间利用模型

图4.15　以鸟类为例的空间利用概念模型[8]

（图4.15）。像大山雀这样选择"斑点状"环境的种类，不是根据空间规模，而是根据绿化覆盖率（绿化率）来调整所需要的面积。城市比较适合依靠分散分布的植物生存的"斑点状"种类，而农村的生态系统属于"镶嵌状"，自然的生态系统里"岛状"的种群较多。

（3）空间格局[8]

生态环境的空间格局应从以下几个视角分析：

①群落交错区（ecotone）（图4.16）

林区边界部位或水边等多样的生态环境（ecotope）连续衔接而形成的环境称为群落交错区（ecotone），是大多数动植物的重要生息环境。例如：在水边（水际边缘）的群落交错区中，为适应地形的坡度与土质、水位及干湿性等各种地质构造变化，会形成多样的植被，并孕育出适应各自环境的动植物。

②边缘效应（edge effect）

也有仅在均质环境内部生息的种群（inner型，内部型）。均质环境的边界部位称为边缘（edge）。利用这一边缘部位的种群（edge型，边缘型）在面积相同的情况下，长度越长，就越能让更多的个体存活生息。有较高多样性的边缘种群被称为"边缘效应"。

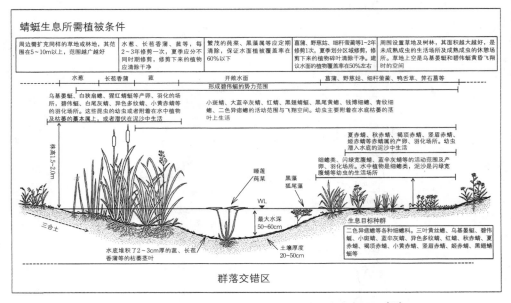

图4.16　水边群落交错区（ecotone）与定居动植物的示例[10]

③连结性（network，网状结构）

大部分生物利用的都是多样的生态环境，这些空间之间的关联性和连结性在广义上被称为网状结构。在狭义上，则是指生物所利用的地表面、植被、包括连续的水系走廊（corridor）在内的空间移动路径（图4.17）。像鸟类及蜻蜓这种飞翔性的生物，即使走廊发生中断，也不会出现功能上的障碍。但是，像青蛙、山椒鱼（日本鱼儿）等两栖类动物与蛇或蜥蜴等爬行类动物是属于地面匍匐性的生物，在出现道路或斜坡面等短暂不连续的状况后，走廊的功能就会消失。另外，对于青鳉、泥鳅等鱼类而言，即使很小的落差也会妨碍它们上下移动，同时也就妨碍了水域的走廊功能。

此外，该地区保护的生物类型是内部型还是边缘型，其对应的走廊宽度和实质内容就会有所不同。另外，飞翔性的鸟类或昆虫类等的栖息地，就像汀步石那样，是呈不规则移动的非连续式栖息地，因而被称为"汀步石状栖息地"。不同种类所需的使用单位间的距离和栖息地的环境构造是不同的。例如：大约1km的间距是细蟌科（豆娘）的飞翔距离，200m是灰蝶科等的飞翔间距，约40m是飞翔能力较弱的蝗虫类的移动距离。在这些各自不同的间距内，散乱分布着湿地或池塘、幼虫的食草或吸蜜植物、草原等，而这些个体的相互往来，保证了地区个体群落的可持续性发展。

飞翔性、浮游性生物，路经河流、宽阔的面状农耕地、汀步石状分散分布的陆地或屋顶绿地、连续带状街道树木或绿荫路，最后到达市街区中再生的生境空间。

图4.17 促进生物往来的走廊和生境间的网络关系（养父，2010）

4.2.5 追求自然再生的生物鉴定能力及与生态相关的知识[1]

生物生息环境再生的前提是，事先学习和掌握一些关于定居生物的鉴定能力和生态方面的相关知识。若不了解在何种环境条件下生存何种生物的话，即使主观想再生适合生物定居的环境，但在实际中，是很难确定明确的方向和形态的。较为保险的举措，是从最初就开始对具有代表性的种类进行鉴定和生态观察。

分辨生物的种类必须有以生态为前提的图鉴。除生物个体的照片和图解检索外，还应有相关的具体介绍。但是，大部分图鉴中的刊载内容，都是植物以开花单体、生物以成虫或成体为主。而生物的形态和色彩，在不同的生命阶段会有差异。因此，仅依靠图鉴是无法判别花在未开时期、幼虫个体等的名称。另外，就像人类的脸型、声音、大小各不相同一样，生物也同样，即使是同一种类，在形态和色彩等方面也存在一定程度的差异。

- 有效利用自然类博物馆：在大多数的自然类博物馆中，组织可促进有效利用的"兴趣俱乐部"，举办面向利用人群的观察活动或学习活动。最大程度地利用这种机会提高自身鉴定能力。自然类博物馆中，常有研究自然环境和动植物的学员驻扎，如果带着照片或标本，则可委托他们帮忙鉴定、指导和讲解。

- 与学界人士去山野同行漫步：寻求专业人士帮助的最好办法是参加上述所说的自然类博物馆主办的观察活动。如果跟随讲师或老师等专业人士野外考察，就可以通过与自然的接触，亲身领悟并获得生物的鉴定能力和生态方面的相关知识。简而言之，就是用五官来体验和感受。

- 有效利用插画：学术性图鉴中除照片外，还有方便检索的动植物分辨体系。这种检索，也会附带解释动植物的体态构成和生态解说方面的专业用语。光是解读这些内容，就要花费相当的耐心和时间。以这种状态去理解生态，并培养生物的鉴定能力，必然会感到非常吃力。而解决这一问题最有帮助的手段，就是利用儿童常使用的插画。

(4.3) 自然再生的实际操作

4.3.1 自然再生施工的基本流程

（1）调查现状，把握潜在因素并探讨课题

调查再生对象区域生态系统的同时，分析阻断生境网格及周边的夜间照明等屏障因素，并通过与相关行政机构、市民通力合作，探讨出相应对策，尽力降低和消除阻碍因素（图4.18）。

若对象区域有既存的水域或树林，则动植物已呈定居状态。事先调查清楚植物及生物、土壤、水质、水量等的给定条件，有效利用该基地进行自然再生（表4.2）。如果对所有种类的生物都进行详细调查，从经济角度来看是比较困难的，因此可以先从稀有种类开始，掌握关键种类的动植物以及它们所需的环境构造。现场调查最少也应在春、夏、秋、冬四个季节都实施。建议最好在动植物活动最频繁的春季到初夏季节进行多次调查。

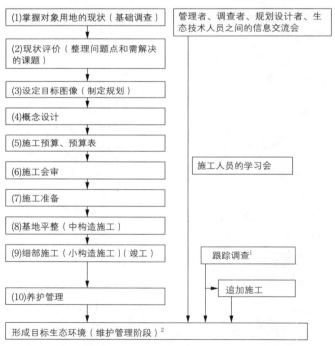

(1)掌握对象用地的现状（基础调查）

(2)现状评价（整理问题点和需解决的课题）

(3)设定目标图像（制定规划）

(4)概念设计

(5)施工预算、预算表

(6)施工会审

(7)施工准备

(8)基地平整（中构造施工）

(9)细部施工（小构造施工）（竣工）

(10)养护管理

管理者、调查者、规划设计者、生态技术人员之间的信息交流会

施工人员的学习会

跟踪调查[1]

追加施工

形成目标生态环境（维护管理阶段）[2]

[1]根据评价跟踪调查的结果，验证目标图像的自然环境是否形成，出现问题的地方追加施工，调整养护管理的轨道。
[2]维护管理是指通过对过茂生长的植被及地表现象演替施加干扰，使其逆行恢复到目标图像的阶段或之前的初始状态。

图4.18　自然再生施工的基本流程[10]

掌握自然环境潜能的调查项目概要[10]　　　　　　　　　　　表4.2

陆地区域	
植被	根据优势种划分植被（含群落构造）
生物	哺乳类、鸟类、两栖/爬行类、主要昆虫（蜻蜓、蝴蝶、大型甲虫、蝗虫类等）、底栖生物等代表性种类及稀有种群
植物	包括稀有种在内的代表地区内自然的植物种类，各类植被类型的群落构造（植物社会学的调查方法）
土壤	主要地点各个层位的土质、填埋物（混凝土碎渣、污泥、废弃材料等工业废弃物）
水域	
水文现象	沿岸~最深区域的简易标准测量数据，小河中护岸的形状，水潭、沙洲、险滩等的分布
水质	除主要地点的pH值、溶解氧（水底、水中、水面之下的昼夜值）、电导率（EC）、SS（浮游生物、悬浮固体）之外，有无非法排放的垃圾及有害排水等
水量（水位）	枯水期，洪水期，河流的流速
生物	以鱼类、鸟类、两栖/爬行类、主要昆虫（蜻蜓、大龙虱、源氏萤火虫等）为首，除稀有种群外，还有大口黑鲈、蓝鳃太阳鱼等会干扰生态系统的品种
植物	沿岸的植被构造（根据植物社会学的调查方法等）
	除包括稀有种在内的代表地区自然的植物种类外，还有归化植物种类

在土质以及水质、树林、草地、水域的形状及面积规模、生物的定居状态、生境网格状况等综合信息的基础上，与专家交流意见，讨论和确定能形成食物链生态系统构造的动植物。没有现场调查做基础，就无法确立能发挥场地潜能的目标图像和实施规划。

（2）设定目标图像、保留的目标种群等与规模、空间格局的图示化

为将施工用地的现状再生成自然环境，首先应以现场用地与周边的地形条件、过去及现在的土地利用为基础决定水流、死水水域、草地、树林等的位置（区域，zone）。其次，从与场地相关的走廊以及周围的植被条件等角度，设定各区域的目标图像和目标种群，并绘制出基本规划图。另外，为了帮助从业者及施工者理解设计意图，将各区域内生息种群（目标种群）的引入和定居的环境条件，绘制成意像图。绘制目标图像用的生息种类有生态指示物种（ecological indicators）、关键物种（keystone species）、保护伞物种（umbrella species）、旗舰物种（flagship species）、濒危物种等。

①生态指示物种：能满足生息动植物环境基本要求的代表种群。有在砂石地繁殖的长嘴剑鸻及在赤杨林中生息的翠灰碟类等。

②关键物种：虽然在个体数量上是较少的物种，但它决定了该物种所属生物群落在生态系统上的种群间的关系结构，是至关重要的物种。有日本林蛙、日本棕蛙等。

③保护伞物种：是在维系个体种群的基础上，需要饵食、防御界线等宽阔的生息地（面积）的种群。是生态系统金字塔上位置最高的消费者。在日本，山地的亚洲黑熊、山鹰、苍鹰，偏僻山村的狐狸、灰脸鵟鹰等大型肉食性哺乳类和猛禽类属于保护伞物种。想要维护这些种群可生息下去的生存环境，就需要保护位于其食物链下方的庞大的种群生息地。

④旗舰物种：象征着传统的自然环境以及二级自然生物生息地的物种。具有美丽而富

有魅力的特质，一般能唤醒保护和保全特定的生息、生育地的种群。像杂木林中的大紫蝶、河漫滩（泛滥平原）的樱草、小河中的青鳉、萤火虫等。

⑤濒危物种：环境部、都道府县、市街村等的红皮书（Red data list，记载日本濒危动物数据的手册——译者注）中刊载了濒临灭绝的高危性物种。

（3）图面表达的局限和施工监理人的重要性

自然环境的构造是一个连续且变化的三维空间。仅靠施工图中详细设计的平面图和标准剖面图并不能全部表达清楚。例如，池塘、小河等的中层构造可以用图面或三维模型来表现。但是，构成中层结构的淤泥和滩涂的详细形状、基质的粒径、土壤的干湿度、倾斜的微小凹凸状况等细节构造，则无法在现场所使用的1∶100或1∶50的图面上表达出来。

想要把这些设计内容传达给监理人员或工程施工人员，特殊节点构造详图的作用就显得尤为重要。比如，用切割毛石或卵石等普通材料进行自然堆砌时，由于石材的形状和尺寸要协调统一，就会要求石缝间的空间容积和形状基本相同，因此就无法形成多种多样的环境构造。这时就需要考虑，是选用形状尺寸不同的材料，还是将形态统一的材料在现场利用油压机械设备中的铲车，将其处理成不同的形状和尺寸。这些内容如果不在设计图纸及特殊节点构造详图中加以详细标记的话，就得要求调整施工人员的数量并变更设计。

通常，现场代理人、施工人员、设计者都积累有一定的土木及造园工程的技能和经验。但是，对于营建生态系统的自然再生施工方面的经验和知识却较为匮乏，接受这方面专业培训的技术人员也较少。为了把特殊节点构造详图也无法表达清楚的内容传达给监理或施工人员，并解决因土壤条件或埋设物等引起的设计变更以及现场需直接应对处理的问题，则需要生态技术人员来做施工监理（图4.19）。自然再生施工中，在施工现场进行的生态性"施工监理"，可以弥补设计图纸中无法表现的施工内容以及不可预测的工程变更内容。设计人员在制作特殊节点构造详图时，给生态技术人员以施工监理上的特权。应将这一部分的人工数量累计核算在施工参与人工数量内。

（4）自然再生工程的设计图纸

流量、流速、水质、照度、湿度等问题，受水域及走廊等环境构造的性能和状况的影响极大。但是，这些数值会随时间、季节、天气及年份发生变化，例如：即使已经绘制好

图4.19 现场的设计监理和施工设计

详细设计平面图、标准剖面图，但施工内容还是会结合现场条件发生变更。必须事先做好预算统计或操作规程等方面的施工设计图纸，它可以在自然再生工程现场成为以某种程度的设计变更为前提去着手施工的依据。以设计说明书、特殊节点构造详图、含有施工设计和意象的概念初步设计图、工程做法表、施工费用的累积核算表等为基础，接受生态技术人员的施工监理指导，结合现场的地形、植被、土壤、土质、埋设物，与周边的生境网格关系、变化的流量及流速、水质、照度、湿度等现场条件，建造目标种（群）可定居的滞水水域及河道、水底的构造、走廊、植被、护岸、堆石组合等环境构造。

以正常水位的河岸纵横断面构造为例，具体形状及地表土质、湿度条件等小构造可以根据现场的水量来掌握，建成后，需灌满水之后才能做出初期判断。因此，走廊等的具体位置和形状、护土及栅栏的构造、纵横断面的倾斜角度等问题，仅靠最初的图纸是无法做出判断的，而是在现场施工作业过程中不得不变更成最有效的方式。

4.3.2　从生物及生态系统角度看设计与施工的实质[10]

仅拿蜻蜓来看，其种群及亚种群的生息环境也是各有不同。因此，竣工后可定居下来的生物，是由生物自行选择的。以目标种群定居为目标来提高施工的可实施性，这对自然再生能否达到标准要求而言，是十分重要的课题。

（1）环境构造层次

环境构造从层次上分为大构造、中构造和小构造。大构造是由日本列岛的太平洋一侧和日本海一侧、纬度和经度、从平原到丘陵以及连续山脉的地形构成。这种大构造与地球的位置及地壳运动有关，不能作为整治的对象。中构造及小构造，如表4.3所示，是包含于大构造内的要素。中构造是指水池、河道、草地、林地、防洪堤等作为该地区骨架的构造，利用原始的土木或造园技术就能建造。

但是，如果对象用地是自然地形，建议以其原始构造及现有的定居物种为基础加以利用。生物中存在着生存范围较大，能适应从大构造、中构造到小构造的环境构造的物种，也有仅能适应某一地区内特定小构造的物种。例如，白尾灰蜻、薄翅蜻蜓，从原生态的自然水域到城市屋顶花园的水域都能生存，飞蝗、中华剑角蝗，也是从稻田等的农耕地到小规模的绿地皆能生息。北美一枝黄（归化植物，naturalized plant）能自由生长在生物个体群被干扰的湿地（水田遗址）或人工开发用地、草原等大范围空间领域中。而相反，朱兰、鹭草等受到一定的日照条件和可保证水位的贫瘠土壤条件所限，只能生长在植被演替较缓慢的湿地环境中。当然，这种场地也适合北美一枝黄、白茅等自由生长。

（2）基地（中构造）平整的实际状况

人工开发地与水域、防洪堤、草原、杂木林等有关的基地平整基本原则叙述如下。

①现场确认稀有种及存留的育成木

场地建成几年后，除了高茎草本植物外，也会有木本植物在现场定居下来。但是，由于建造时期表面土壤被重型机械碾压后变硬，造成演替的推进速度减缓，再加上为了保证排水通畅，其地面坡度设置成均等的倾斜角度，因而导致种群构成大都比较单一。另一方面，也可能出现只有被选定的濒危物种等稀有种定居下来的情况。另外，为了使再生后能成为树林性的鸟类和昆虫类的生境网格的中继点，也可以不实施砍伐，存留必要的育成木。因此，从生物出现时期这一角度出发，在春、夏、秋、冬和早春时节进行精细调查，确认其生存所在，并对需要保护现场或再生工程中需临时移植的树木，用胶带或木桩做好标记。

②除草、砍伐、掘根

已成熟的个体做上标记，在不损伤这些个体的前提下，清除草本植物及低矮树木。在草地、水域以及树木再生的场所，对因繁殖力旺盛而阻碍当地本土种生长的刺槐、臭椿、紫穗槐等外来种进行成木砍伐、除根。除草后的垃圾、砍伐后的木材、树根等除了可以用于堆肥外，也可以回收利用在步行道路、灌木林、生态堆放空间及木制台阶中。

通过施工形成环境构造的项目　　　　　　　　　　　　　　　　　　　表4.3

中构造	小构造			中构造	小构造		
	立地条件	植被构成	养护管理项目		立地条件	植被构成	养护管理项目
裸地	干燥地 潮湿地 淤泥地 照度 湿度 倾斜度 方位	植被率 密度 种群构成 分散	耕耘强度 耕耘频率 踩踏频率 踩踏强度	流水 河沟 细流 小河 河流	流速 深度 倾斜 河滩 水潭 存水 基质粒径 基质堆积厚度 岩石形状 岩石布局 水质	植被率 密度 种群构成 分散 阶层	砍伐强度 砍伐频率 剪枝强度 剪枝频率 底部修剪强度 底部修剪频率 落叶收集强度 落叶收集频率
草地 低草地 中草地 高草地	干燥地 潮湿地 淤泥地 照度 湿度 倾斜度 方位	植被率 密度 种群构成 分散 阶层	除草强度 除草频率 踩踏频率 踩踏强度	水滞留地 水库 调节池 池塘 池沼 湖沼	深度 倾斜 基质粒径 基质堆积厚度 水质	植被率 密度 种群构成 分散 阶层	砍伐强度 砍伐频率 剪枝强度 剪枝频率 底部修剪强度 底部修剪频率 落叶收集强度
树林 高木林 低木林 边套群落 边缘群落	干燥地 潮湿地 淤泥地 照度 湿度 倾斜度 方位	植被率 密度 种群构成 分散 阶层	砍伐强度 砍伐频率 剪枝强度 剪枝频率 底部修剪强度 底部修剪频率 落叶收集频率	其他 石墙 田埂 路堤 道路	石墙的高度与宽度，石缝的大小 除草频率，土质、土壤湿度、形状等 同上 同上		

注：以上项目各自在面积、长度、形状上规定了中构造、小构造的内容。

③测量、试勘探挖掘测试

在除草、砍伐后视野通畅阶段，可以概念初步设计图为参考进行详细测量，在场地内，用木桩和胶带、"平整地面的T形标记"、"丁字桩"等工具放线出平面形状。此阶段要明确稀有种群、存留育成木与规划开发用地之间的位置关系。规划开发场地中，如果有存留育成的生物或植物的栖息地，则必须设计变更规划用地的形状。另外，填埋场地有可能会掺杂填埋了混凝土块、建材垃圾、废弃物、有毒物质等。因此，要以现有地形以及回填之前的土地利用方式为参考依据，以开挖到能看到原来基岩的深度为止进行试勘探。

在现场如果所整形的水域、堤坝等平面和纵横断面的形态、位置、土石方施工量、资源材料捆包以及施工人数等发生设计变更时，则需要追加测量、调整设计图纸、土石方施工等的额外费用。这一点，业主、现场代理人、施工监理者之间要做好充分协商，从预算及自然再生的角度实施恰当的变更。通常在施工工期内，设计变更可实施的期限是有限定的。事先应了解清楚所需变更的工程并仔细分析内容，在变更期限之前提出从业者经济条件允许的变更图纸的清单。

④土建施工

进行水池、堤坝等场地整形的土建施工时，为避免开发过程中污水涌出或重型机械等带来的物理性损伤，应按照从上至下、从入口的后方至前方的顺序进行施工。土木工程中产生的污水，不要排放到场地外或河流中，应在施工用地的周围做出带有过滤池的排水沟。大型机械装载车的操作人员大都不是自然再生的专业人士，在现场所发生的用地施工形状、大型机械装载车行走碾压造成的影响等问题，应逐个由代理人和施工监理员协商采取恰当的对策。根据现场标记的胶带、"T形木桩"等记号进行土堤及水域的预备建造时，应先将水域区域内的土壤搬运到土堤之外的场地中，再通过重机碾压，加强水域的防水性能并固定土堤的形状。

预备建造完成后就进入水域设定区域的防水工程。清除对象用地表面土层中的石块、木屑后，通过重机碾压或打地基等方式碾实整个底部土层。在多雪地区，如果在积雪前完成防水工程，则可借用积雪重量加强防水性能。这之后需要确认防水性，做积水试验。将水灌注至最高水位并保持大约一周，每天观测水位变化，如果一天能减少4~5cm的话，就需要把水排出，查找一下漏水位置。在查找到的位置的中心部位敷设厚度为1cm左右的粉粘土，表层土翻出后与粉粘土混合，再重新用重型机械设备进行碾压。然后再对该水域做积水试验，确认渗水状况以及注水后水际线的变化，这样，堤坝、水域的预备建造和整形工程算是基本完成。建议扩大土壤湿度连续变化的群落交错带的设定范围，为防止砂土流失，建议将护堤的坡度处理成15%以内的缓坡。

（3）小构造的施工与养护、维护管理

要想让所建造的生物生息地能通过发挥其现场用地的潜能使植被和生物定居下去，就需做适当的小构造施工处理。施工竣工后，应结合各个区域的特性进行养护和维护管理，以便形成预期目标的自然环境。

　　自然再生的工程项目中，小构造施工的竣工时期是指需要数年来完成的养护管理的初始阶段。竣工时，建成的水域内，无论植被还是生物都未定居下来。随着时间的推移，从植被生长、生物自然定居为止需进行养护管理。对生态系统和自然环境再生时，这种养护工程是不可或缺的，需要有一定的"养育"时期和土建工程。经历这一阶段之后，才能进入形成预期目标的生态系统的维护管理阶段。通常，水库、湿地、草原等再生目标的环境构造大部分有演替的中途样态。不像白神山地（位于日本本州北部——译者注）的圆齿青冈林及宫崎县绫町中遗留的常绿阔叶林那样属于顶极群落。二级自然的维护管理，是指随着演替的推进，植被和地表现象逆行回到原始状态的土建工程，也就是干扰的意思。

　　（4）竣工验收方法

　　通常竣工验收是指利用签约时的预算费用，审核以施工图设计为基础的建造工程是否完成的工作。自然再生工程中的竣工验收，是在中、小构造的一般性验收检查的基础上，判断建造后的结构是否形成了预期目标设定的植被和生物可定居生存的生态系统，为此，需要在经过"竣工后"的养护时期之后再实施。此时的判断标准是，目标种群是否定居下来，个体数量及生息地的环境是否达到安定状态等多方位视角的判断。

II. 设计篇

第 5 章

建筑外部空间
生境设计

除建筑的外部空间以外，在城市中引入生境的意义有两点：一是确保地区生物的多样性；还有一个就是给人与生物创造互动的机会（图5.1）。

生物多样性意味着生态系统的多样性。而确保生态系统的多样性，就是在保证有更多种群生存，且寄予种群指标多样性的同时，通过维护不同类型的地区个体群来保护其在遗传因子上的多样性。另外，确保生态系统的多样性，是以地形与植被的空间秩序为基础而营造出来的多种类型生态系统的组合，在一定程度上与确保景观多样性有着一定的联系。生物多样性可以从遗传因子、种群、生态系统、景观这4个方面来分别考虑。在这里，对于将地区的环境和景观密切关联在一起而进行规划、设计的建筑而言，生境导入的意义是毋庸置疑的，保护与营造多样生态环境的必要性也就显而易见了。

人与生物互动的场所，是日常环境教育场所中，培养孩子的情操不可或缺的空间，同时也是滋润生活并能成为以自然为媒介获取文化教育的场所，对城市化不断推进发展的当今社会而言，再生建筑外部空间中与生物有关的体验和游戏场地，从城市生活者的需求角度来看也具有深刻意义。

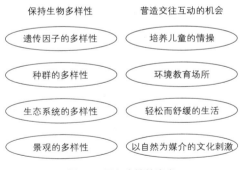

保持生物多样性	营造交往互动的机会
遗传因子的多样性	培养儿童的情操
种群的多样性	环境教育场所
生态系统的多样性	轻松而舒缓的生活
景观的多样性	以自然为媒介的文化刺激

图5.1 导入生境的意义

5.1 生境设计的前提

建筑的外部空间中，以确保生物多样性和与生物互动为目的去创造地区固有的风景，并推进生境设计，其必不可少的工作就是，掌握以此为前提该地区及对象用地的环境状况。与此相结合，掌握建筑及用地规划的基本概要，了解对生物及其生息空间产生直接影响的各个事项，同时明确有效利用生境的要求标准和管理条件。

5.1.1　掌握和调查地区环境

保护与恢复生态环境会受到当地特有的地质发展史的制约，这也限制了存在于该地区的生态环境的实质。应明确知晓该地区固有的潜在本质，制定出符合该地区的规划，从而将自然再生的能力最大程度地挖掘出来，以发挥其能保护非均匀的多样生态系统的特性，而非常关键的一个视点就是，以生境的规划设计为前提去把握现状。

（1）确认地区生态性的潜在能力

确认地区生态性潜在能力，要从地理性要素和生物性要素这两个方面去调查（图5.2）。这些调查大多是从文献资料中掌握，与地区的自然、植被及生物有关的调查文献和白皮书等，都能从当地政府的图书馆、教育委员会等相关部门获取。另外，设计对象用地的周围如果开发时期实施过环境评估调查，或有NPO法人等制作的生态调查资料，则建议搜集这些现成的资料，并有效地进行利用。

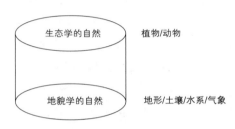

图5.2　生态性潜在能力的构造

①确认地理性要素

包含对象用地的地区是位于内陆部分还是海岸部分，是丘陵部分还是平原部分，从地形、水系、气候等综合性地理要素，可以解读出在此存在于此的植被及生态种群的大致倾向。

②确认生物性要素

生物性要素，可以从搜集的文献资料中提炼出生息于该地区的动植物，并整理成一览表。对于植物而言，如果能从种群一览表中获取构成代表性群落的种群组合及剖面图，则这些可以作为生态环境的基础，灵活应用于植物设计的范本中。

（2）掌握生境网格

用地内不存在生态系统时，不管用什么方法，必须借由周边环境来引入。另外，即使用地内存在生态系统，也会有很多需要与周边环境相互往来才能生息的种群。建议明确这些环境之间的连带关系，并体现在设计内容中。动物中，有飞翔能力的鸟类、昆虫类是以大规模的绿地及水系为据点，像卫星一样移动式地栖息在分散的树林、草地、农地、公园、林荫树、中小水系之中。这些生物移动式地利用环境的水平性连接，被称为生境网格，环境要素越多样，连接密度就越高，其诱引生物的可能性也就越大。

生物生境网格的利用方法及其空间距离，因种群而不同。通常无法再移动的距离范围

图5.3　植物剖面的案例

内，如果能确保有像汀步石那样的卫星圈，则行动范围较小的种群也能移动。另外还有一个重要的课题就是，对于鱼类及水生生物来说，要确保河流及水渠的逆向回流，而对于两栖爬行类动物而言，则要确保未铺装地面的连续性。

生境网格除了利用地形图和航空照片外，还可以去现场做实地勘查，将树林、草地等绿地、寺院林地、防护林、农地、公园、林荫树、水系等内容标注在地图上，用颜色区分出各个种群类别和范围，这样就能掌握以规划用地为中心的一定地区内的据点以及用地的连接方式。另外，将以规划用地为中心的树林、水系以及住宅用地等周边的土地利用与地形变化合成横向断面图，则能更有立体感地掌握相互之间的关联性。

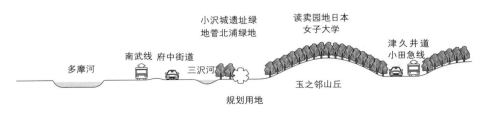

图5.4　横断面案例

图5.5　生境地图案例

（3）用地内的生态调查

用地内的生态调查，是掌握生物生息环境的潜在能力以及规划用地中存在什么样的生态系统的工作，需要有相关生态方面的专业知识。如果用地内对规整好的绿地和水系，需要明确预测出生物的生息，或者通过文献资料、知识见解确认需要保护的生物存在的可能性时，就要依靠生态专家去做调查。

①确认生息生物

设计者在进行生态调查时，必须理解这是一个需要一定时间才能完成的工作。动植物的出现时间随季节发生变化，因此最少也得需要一年的调查时间。通常在春夏秋冬的各个季节都开展调查，才能掌握该用地的生态信息。另外，不仅是用地内部，也应结合用地周边开展调查，这样才能获取更精确而有效的信息情报。为此，生息生物的确认工作应先于设计，且需要一定的时间，可以委托专家结合设计阶段所需的文献调查内容进行基础调查，掌握好调查的方法及精度、所需的时间和费用，这是最理想的状态。

②确认生物生息环境的潜在能力

确认生息生物的同时，还要掌握作为该生物生息环境基础的土壤环境、地形以及水系等地理条件。

• 土壤环境

引入植物时，其基本的土壤环境质量会直接影响其后植物的生长发育。现有草地或林地生长有十分健壮的植物时，可以有效利用现有土壤，但如果是人工土地、填埋地或者被某些设施利用后遗弃的土地，则要重新对土壤的物理特性和化学特性进行调查，根据调查结果再采取相应的土壤改良措施。

土性能清楚表达土壤的物理性质，它代表着土壤粒径的组成，构成土壤的土颗粒粒径的不同决定了土壤的通气性、透水性和保水性。一般，全砂粒无黏性的砂土或者相反的黏性极强的重质黏土都不适合种植植物，只有中间性质的种植土壤才适合植物生长。但是，由砂土形成的滨海地，也存在着只能在砂土中生存的植被和生态，形成该地区固有的自然风貌。应该从形成绿化等植被基础的不同视角去寻求判断土壤的视角。

• 地形

整体用地不同的地势、微地形的变化和水分条件养育了不同的植被，也就形成了不同种群的生息环境。地形调查中的坡度、方位与植被间的关系，以及通过地形坡度分析来判定是否存在设施使用的制约性，根据用地整体的倾斜度来掌握雨水的排水方向等，这些都会在设计中反映出来。即使是看起来很平坦的人工建造地，大多数情况下还是要保证排水坡度的。事先了解用地周边的高低状况，就能准确地设定好地形坡度，并整合出富有效率的雨水排水方法和路径。

• 水系

水系从形态上大致分为死水区域和流动水域。死水区域在不同的水深生长有不同的水生植物，相应地形成了不同种群的生息环境。流动水域则对应水深及河道的坡度、流量（流速）形成了不同种群的生息环境。水系调查时，要结合水系形态、规模、水深来确认水源、水量及水质（关于水质标准，请参照第7章）。

5.1.2 规划条件的确认

（1）掌握建筑及用地规划的内容

①建筑用途

大多数的生物为确保自身安全，都有与人或外敌保持一定距离的习性。如果无法确保这种安全距离，最后的手段就是采取逃避行动。这表明在建筑外部空间中，人的使用密度越高，相互会面的机会就越小。特别是对于不特定的多数建筑设施来说，这种倾向更明显，应确保一定的距离及私密性，在一定程度上确保被保护的空间。建筑设施中，使用者的利用密度是无限利用还是有一定限制，要根据建筑用途进行重新设定，并探讨相对应的策略。这不仅针对生物，也适合于形成生息环境的植被。草地、林地等人类可以进入的生息环境，当利用压力加大且对植被生长有明显冲击时，就会导致生息环境本身渐渐消失。

②用地的规模与建筑设施的规模

用地规模大部分被建筑设施占领时，想要确保林木用地及大规模的水景空间就很困难。这种情况下，虽然确保具有核心作用的生境较为困难，但可以对用地整体进行综合考虑，使其在与周边的关系上担当起移动空间和卫星空间的作用。

另外，即使能确保一定的规模，也要考虑与人的距离、使用密度、日照等因素，探讨与建筑设施相协调的布局方案。

（2）有效利用生境的要求度

如何有效利用生境，这决定了设计中需探讨的内容。作为观察场地及环境教育场所来使用时，除了引入观察露台及解说引导等设施外，还要确保一定规模的可供团队聚集的场所，并考虑使用密度，确定设施强度，同时还要对附属设施进行相应的研讨。

（3）确认管理条件

①管理生息环境

设置在建筑外部空间中的生境，是通过一定程度的人工介入得以维持的二级自然环境，因此维护管理必不可缺的手段，就是从规划设计阶段就做好人力及经济方面的准备。另外，它与绿地及城市公园中的植物用地不同，其最大的特点是，为保证生物能在该地生息下去，应充分理解其生活史，管理作业也要避开繁殖期，必须以生态为前提进行管理、规划及操作。

植被管理与生物管理都要考虑演替与维护的平衡关系，这就要求我们重新审视管理体制、管理重心、人才、预算等条件，并在设计中体现出来。

②水景管理

设计水景设施时，除了注意水源的类别、能否保证稳定的水量、对应水源的水质维护是否可行之外，还要确认清除堆积落叶的方法，以及如何进行水及水底基层替换的清淤作业，这些都应在护岸及池底的构造中反映出来。

5.2　生境的目标设定

导入生境的最终目标，是保留和创造生态系统。构成生态系统的要素多种多样，它们之间的关联性较为复杂，很难用具体的一句话表达出来，因此在实际中，大多数是以一种构成要素的生物种群及种群的生息空间为设定目标。但是，必须引起注意的是，以种群或空间为目标时，如果单纯考虑只要保证生物生存即可，或者只要有水边空间就行，而实际与地区环境和建筑的关系却较疏远，那么就会出现脱离生态系统本身作为一个系统的基本条件。

生境设计应再次确认生境规划目标是否反映出对地域环境的贡献以及用地本身的潜在能量，是否吻合生态与建筑的使用呈平衡状态的共生环境理念，在此基础上，设定具体规划的目标。

生境设计的目标设定，也要同时结合种群（生物目标）及空间（环境目标）去研究手法（环境创造类型）和时间（演替的出发点与到达点）。

5.2.1　设定环境创造的类型

环境整治是生境的基础，以现有的环境类型为背景，大致分为以下3种类型：

（1）环境移置型

对现有环境进行移置/恢复的案例中，比较适用的是，因开发及建筑改建而消失的生态环境需要移动至替代场地的情况。

（2）环境改良型

是对现有环境进行改良/恢复的移置型与创造型的中间案例。适用于被遗弃的过度茂密的防风林等在发生演替后，出现与生息环境不相吻合的状况而需对其进行环境改善。

（3）环境创造型

创造/恢复由于是现状中没有的环境，因此适用于开发建设用地和回填用地等现状接近裸地的状况。

5.2.2　生物目标

在提炼生物目标种群时，可将事先在地区及用地环境调查中确认的种群作为主要候补种群，以此为基础对用地规模及规划内容进行核对整合。较为理想的状态是，结合现有物种和种群来确认周边的生息状况，包括潜在的可能性在内。设定从短期到长期的目标种群。

提炼现在有何短期目标种群，从何处带来什么中期种群，与周边网格连接的可能性，过去曾经有过什么能成为长期目标种群的可能性较高的潜在种群等等，将这些不同标准的种群提炼与用地的生态潜质对照后，凝练出最终的目标种群。

5.2.3　环境目标

设置生境时，需要准备适合引进种群的环境要素。此时，要了解引进种群的生活史，一生渡过什么样的环境生息地，吃何种食物。大多数的生物都在多样的环境要素中生活，这是因为不同种群所需的环境类型和组合方式以及规模各不相同。

（1）对应生物目标设定环境类型

以萤火虫为例，幼虫是以放逸短沟蜷等贝类为食，生活在水中，蛹虫时期爬到陆地上，在地面生活一段时期后羽化变成成虫，成虫夜间在空中飞翔，白天在灌木丛或树影中度过，因此需要水景、树林、草地等交叉复合的环境要素。

另外，应从种群生息的空间及其品质、空间使用类型和规模来设定引进的种群和作为食物的植物或生物。

（2）对应生物目标设定环境规模

用地规模受到限制时，可通过与相邻用地的相互协作来确保规模，但要考虑连带责任。

（3）设定演替的始发点与目标达成年数

例如，在栽植高大树木时，树高6m的成树与3m左右的幼树，不仅在初期投入成本和运营成本的经济方面不同，而且在景观及环境成熟的各个时期也都有所不同，这会给之后的养护管理方法带来影响。

5.2.4　使用目标

（1）保护型

像鸟类保护区（bird sanctuary）等以保护为前提，禁止人进入的类型。这在建筑外部空间中较为罕见，适用于用地规模较大，周边及相邻环境有大规模绿地及水系的情况。

（2）活用型

观察、散步、休憩场所等以小范围人群使用为前提的类型（仅限定小型活动使用）。属于用地规模不很充足，与生态回归理念比较接近的类型。

（3）中间型

以更接近保护型的空间为要点，引入活用型，是介于两者之间的折中类型。在用地面积受限制的建筑设施的外部空间中引入生境时，运用这一类型再合适不过了。

5.3　构成生境的基本环境要素与功能

5.3.1　土壤环境

土壤具有给支撑地上食物链的底层的植物提供所需的水和养分的作用。植物作为食物变成其他生物的粪便、尸骸，植物本身的落叶、落枝堆积在地表后，被蚯蚓等土壤动物和土壤微生物分解，变成所谓腐烂植物的土壤有机物被蓄积起来，最后变成营养元素再次被植物吸收。另外，降雨的一部分也临时蓄积到地面的土壤中，流经植物体内或直接通过蒸腾作用散发到空气中（图5.6）。

土壤不仅是植物生长的基础，也是土壤动物等分解者的栖息地，也具有作为水及物质的循环装置的作用，它是支撑生态系统的重要基础。

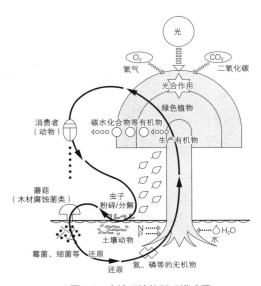

图5.6　土壤环境的循环模式图

5.3.2 林地

林地是由从有树冠的高大乔木层到森林地被层的苔藓层为止，在垂直方向上有层次的植物种群构成的，是以树种的构成和密度为优先的种群。与地形及水分条件相结合能形成不同的林相，具有成为生物的食物及生息环境、调节微气候以及构成该地域景观要素等的作用（图5.7）。

（1）食物的功能

构成林地的植物，除果实和树叶外，还有花瓣、枝干、树液、花蜜等，能提供给不同的种群各自喜好的食物。

（2）生息环境的功能

由森林的上部、中部空间、森林地被层、树冠部位、森林边缘中部的中乔木及藤本植物构成的边套群落，以及由森林边缘下部到地面的低矮树木、藤本植物及草本植物构成的边缘群落，为种群提供相应的生息环境。

（3）环境调节功能

林地除为生物提供食物和生息环境外，还具有防止雨水流失、抑制气温上升及防风等环境调节方面的功能，也是人类生活不可或缺的重要因素。

（4）景观营造功能

除上述功能外，结合当地地形、水分条件，还可以成为营建地域风情的诸多要素之一。

图5.7　林地的生境

5.3.3 草地

草地的生境是指由杂草、野草之类的各种野生草本植物构成的草地环境。野生草地既有以蒲公英、白三叶草为代表构成的株高10~30cm的草地，也有春紫苑、苏门白酒草等株高1m左右的草地及中国芒、加拿大一枝黄花等株高在2m左右的草地。根据草地株高以及构成种群不同，相应会出现不同类型。

株高较低的称为低草地，较高的称为高草地。虽然这些不同类型的草地会随季节发生变化，但大致都是由割草频率来决定的。每年割草3次以上的称为低草地，高草地每年要做1～2次的维护，甚至还有少到每年只有1次割草的，或者像河滩那样弃之不管的草原上随意生长着中国芒或加拿大一枝黄花之类的草地。

一种环境中，生物种群的多样性与其植被构成的多样性成正比。如果生存多种多样的草本植物，就有可能引来很多种生物。另外，如果是由株高各不相同的多种类型的草地组合而成的话，就能营造出更丰富的生态系统，也就能确保多样性的发展。

图5.8　草地生境

图5.9　水景生境（山地中的小河）

图5.10　水景生境（平地上的小河）

图5.11　水景生境（池塘）

5.3.4　水景

形成水景生境的水边环境，通过水的流动、声音、光反射、水面映照出来的风景等方式刺激人们的感性审美，同时它也是生物的生息环境、形成地域景观、水治理等人与生物不可或缺的重要因素。

（1）生息环境

水边除了可作为鱼类、水生昆虫以及捕食这些生物的水鸟的生息环境外，也可作为野鸟的水浴空间和其他类生物的饮水场所。而水路和岸上的植被连续空间带则具有生态走廊（corridor）的功效。

（2）形成景观的功能

变化的蛇形状水岸线和坡度及在此生长的植被之间的不同组合搭配，可形成独特的水系景观。

（3）治水功能

河流等流水水域，可以汇集流域内的降雨，池塘或水田能临时存贮雨水，因而具有雨水放流及抑制流失的功能。另外，水面蒸发出来的水分还具有控制周边气温上升等功能，是人类生活不可或缺的重要因素。

5.3.5　其他要素

除了以上所列的4种环境要素外，建筑外部空间引入生境时的要素还有：与周边环境形成网格窗口的用地边界部位；对生物生息及诱引效果较明显的果树园及菜园、花坛等人工性环境要素；对生物汇集场所十分有利的设施类要素，即生态堆放空间。

（1）用地边界部位

建筑外部空间中，主入口及通道入口是凝练设计师设计理念的关键部位之一。对于整治生境而言，用地边界部位就相当于生物出入及周边环境的大门一样，是一个重要因素。

在边界部位栽植的依附低矮树木生长的攀缘类植物及中乔木的灌木群，不仅是生物进出的出入口，同时也可作为蜘蛛类、蜂类、草蜥等爬虫类的生息环境，以及作为鸟类休憩、觅食的场所。根据建筑的特征，有些需要用遮蔽方法将外部和用地内部分隔开来，这时可以借用网格栅栏或砖墙来处理，在这些设施上缠绕一些藤蔓植物也能产生相同的效果。引入的藤蔓植物若是开花结果的品种，则效果更佳。

（2）人工性环境要素（果树园/菜园/花坛）

果树园、菜园及花坛等人工栽植的植栽，能给使用设施的人带来滋润和季节感，同时还能为大多数昆虫类提供食草，为鸟类提供采饵食的场所。蝴蝶类会以采蜜及在食草植物上产卵为目的而光顾这种环境，即使与人保持较近的距离也很少逃离。因此，引入这些要素，反而会增加人与生物接触的机会。即使规模再小，导入与建筑用途和用地规模相适合的要素，也会产生一定的效果。

（3）生态堆放空间

生境或用地内产生的堆积物有落叶、落枝、碎石、竹子等，这些环境成为蜂类、蟋蟀等昆虫类、草蜥等爬虫类生物的生息空间。此外，木结构住宅的屋檐下方设置的堆积木材或麦秸的空间，往往和现代的建筑环境发生冲突。但这些环境是很多生物喜欢的生息空间。它能诱引更多的种群在此定居，同时也起到了人和生物相互接触的相遇空间（encounter space）的作用。

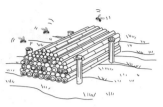

图5.12 竹条堆积（蜜蜂）

图5.13 石块堆积（蜥蜴）

图5.14 堆肥放置场（蟋蟀）

5.4 平面规划设计中的注意事项

5.4.1 平面规划设计的思维方法

平面规划设计，是将规模和布局与土地利用相整合，策划出空间的具体形态，更好地展示规划设计本质的工作。但在实际的案例中，大多数情况与用地的规模、形态、整个土地利用无关，而是以某些有名案例的空间形态体系为范本去做布局设计，结果造成全国到处都是量化生产的、雷同的生境空间。这其中，大多数都采用空间受限的箱型庭院。

平面规划设计的重点是：潜在能力是否如实体现到规划设计中；对生物的生息要有意义，对人类既舒适又美观。准确地把握好潜在能力并将其体现在规划设计中，才能展现该场所独有的个性。创造对人类和生物都有意义的空间，就是要谋求人的使用与生态之间的平衡关系。因此，仅在限定的空间中做出生境的案例，很多都出现了问题。与其在受限的狭小空间内引入大量的环境要素，不如引入种类少但也有一定规模的要素、群落交错地带或者移动空间，这样才能确保空间的连续性和多样性。用地面积越是受限制，就越应该考虑如何让用地整体布局与周边环境之间形成网络关系。平面规划设计的概念示意图如图5.15所示，以此概念图为基础的设计范本参见图5.17。

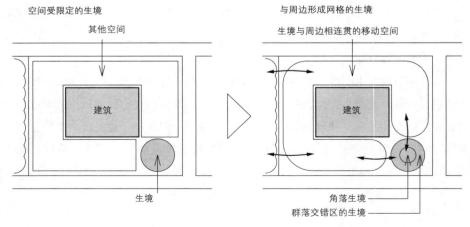

图5.15 平面规划设计概念图

5.4.2　确保群落交错区（ecotone）

　　多样的环境要素叠加形成的环境通常被称为群落交错区（ecotone），这种群落交错区对大多数的生物而言，是保证它们生息的重要环境。

　　（1）林地—草地群落交错区

　　边套群落（mantle community）、边缘群落生长旺盛以后，这种多样的植被形成了以食草、食树的昆虫类为主的生息区域。

　　（2）草地—水域群落交错区

　　根据水深及水体条件生长有不同种类的植物群，形成了以蜻蜓类为首的水生昆虫以及水生生物的生息区域。

　　（3）水域—林地群落交错区

　　提供了带有树荫的水域，形成了喜欢这种环境的蜻蜓类及喜欢荫凉的水黾科类生物的生息区域。

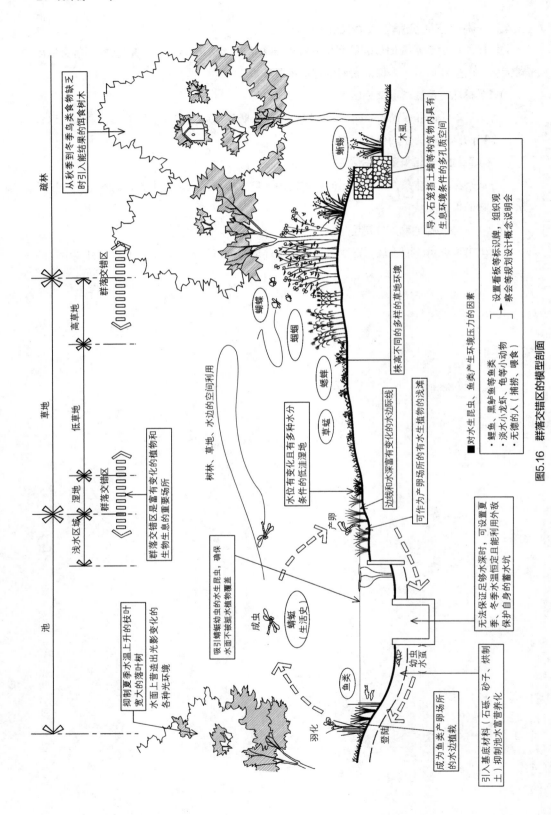

图5.16 群落交错区的模型剖面

■对水生昆虫、鱼类产生环境压力的因素
·鲤鱼、黑鲈鱼等鱼类
·淡水小龙虾、龟等小动物
·无德的人（捕捞、喂食）
→ 设置看板等标识牌，组织观察会等规划设计概念说明会

林地生境
·整治与相邻有较高连带关系的寺院林的林地,确保有森林特性的鸟类及昆虫类的生息环境
·以常绿树木为主体,也可期待其抵抗冬季西北风强风的效果
·常绿与落叶树混合种植引导多样性发展
·林地草丛部位有目的地引入能与周边水路形成网格的小河,确保喜欢荫凉的昆虫类的生息环境

行道树
·整治与邻地相连续的常绿行道树,能缓冲廊道及冬季的西北风
·行道树下引入能结果的低矮灌木的带状植物,确保鸟类的饵食空间

停车场
·车行路采用渗水性铺装,将雨水还原到地下
·停车地带采用嵌草砖式铺装、防止夏季的日照反射、确保地面匍匐类生物的移动空间

后花园（backyard）
·与角落生境邻接确保后花园空间,有效利用各种资源材料堆放场
·也可作为制作巢箱及进行落叶堆肥的工作小院

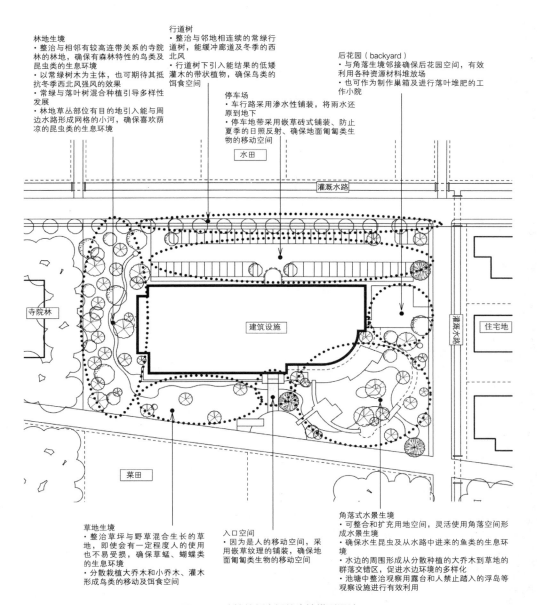

草地生境
·整治草坪与野草混合生长的草地,即使会有一定程度人的使用也不易受损,确保草蜢、蝴蝶类的生息环境
·分散栽植大乔木和小乔木、灌木形成鸟类的移动及饵食空间

入口空间
·因为是人的移动空间,采用嵌草纹理的铺装,确保地面匍匐类生物的移动空间

角落式水景生境
·可整合和扩充用地空间,灵活使用角落空间形成水景生境
·确保水生昆虫及从水路中进来的鱼类的生息环境
·水边的周围形成从分散种植的大乔木到草地的群落交错区,促进水边环境的多样化
·池塘中整治观察用露台和人禁止踏入的浮岛等观察设施进行有效利用

图5.17　建筑外部空间的生境模型设计

第6章
生境的细节设计

6.1 不同类型设计的注意事项与细节

6.1.1 土壤环境

土壤的原始状态，主要指由直径未满2mm的矿物质颗粒形成的无机物。在此基础上掺杂了土壤特有的由落叶等分解而成被称为腐殖质的高分子有机物后，变成了具有团粒构造空隙的介质。这种介质不仅易于植物吸收空气和营养水分，而且使根系也易于扩张，同时保证了形成土壤动物良好生息环境所需的透气性、保水性、排水性和松软性。

（1）保护表层土壤

如果建设用地内有树林或草地等绿地、根据建筑规划设计要求需开发的场地或用作设施用地时，那么对这些用地的表层土壤进行有效利用，可促进植被的早期复苏。此方法有两种，一是将草本类植物的根茎与土壤按照一定规模进行筏板式挖掘后一并进行移植；另一种是利用重型机械将土砂临时堆积在一起，待地形工程结束后铺设成种植场地。

①筏板式基层移置施工方法

需要大量的人力协助，同时需要时间和经费，但从植物快速恢复生长角度考虑，这是最有效的施工方法。也是属于珍贵种群的野生兰科的同类品种需要与周围植被共同移植时使用的有效施工方法。

②砂土移置施工方法

从使用重型机械这一点来看，在移除表层土壤的费用上，比筏板式施工方法要便宜很多，但这种做法的弊端是，植物恢复生长需要一段时间，且会严重损伤宿根类草本植物。因此，这种施工方法更适合于土中埋入种子后等待其发芽的施工方法。

（2）土壤改良

结合植物的种类，其根系扎根所需的土壤厚度称为有效土层厚度。此范围的土壤要有根系不易蔓延的硬度，如果存在透气性或排水性的问题，就需要进行土壤改良。土层分为细根分布的吸收营养水分的上层土壤和支柱根分布的满足通气和排水功能的下层土壤。通常，从工作效率出发对整体土层厚度应实施均等的改良，但也应综合考虑上层与下层的作用及根系在水平方向扩张等具体情况做具体处理。

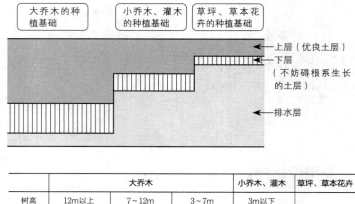

	大乔木			小乔木、灌木	草坪、草本花卉
树高	12m以上	7～12m	3～7m	3m以下	
上层	60cm	60cm	40cm	30～40cm	20～30cm
下层	40～90cm	20～40cm	20～40cm	20～30cm	10cm以上

注：树高是指生长目标的大小。

图6.1　植物的有效土层厚度

（3）营造微地形

建造地势和连绵起伏的平缓地形，可以使地表的水分条件发生变化，确保地表及土壤环境的多样性。这样不仅可以应对有不同水分条件需求的植被，也可促进落叶堆积，形成更多土壤生物及昆虫类生存的生息环境。地形起伏不但能带来视觉效果，也将物质循环及生物生息环境的功效应用于设计中。

6.1.2　林地生境

（1）树林的类型与构造

①混交林与单一林

类似杉木林或松林那样以木材使用为目的而种植的人工林，是以形成树冠为优先种群且属于一个种类的单一林木，而接近于潜在自然植被的树林及作为薪炭林使用的二次林，大多是由多种类型的树种和阶层构成的混交林。

②混交林的类型

混交林主要因纬度及高度带来的温度条件差异而形成不同类型，按树林构成比例居多的树木类型来划分，可分为针叶林、落叶阔叶林、常绿阔叶林这3种类型。以杂木林著称的日本关东地区的次生林，是以落叶树为主、混杂着常绿树的落叶阔叶林。落叶阔叶林的特点是阳光可以透射到林中，森林地被层表面的植被也十分丰富，大多数都能成为林地生境的模型。

但是，引入哪一种类型的树林，都建议要反映出地域特性和作为目标生物的物种和种群。

（2）树种的选定

①气候带与植被

引入林地生境的树种应该是能适应当地气候带的原生种、本地种的潜在自然植被以及二次林的构成种群，这样才可诱引能在该地域生息、以树林的构成种群为食物的种群。潜在自然植被、二次林的构成种群以及这些组合形成的林相可以通过文献资料来掌握。但是为了能在设计中如实地反映出当地的地域特色，现场勘察也是必不可少的，希望能有效利用好各个地区搜集整理的植被调查基础数据。

另一方面，如果出现因城市化的推进而导致原生种已灭绝，或者因某种环境压力不适合原生种生长的状况，则可以引进一些替代的绿化树木。这种情况，也同样需要充分确认植物对气候的适应性，建议从该地区已种植且生长良好的树种中选择具有采蜜或食草效用的树木。

②微气候与植物

为保证能够形成健全的林地，需考虑对气候的适应性，同时，应根据具体种植场地的不同立地条件所形成的微气候状况去选择相应树种。

• 耐阴树与喜阳树

在高层建筑北侧植树造林时，应主要选择能适合背阴条件且耐阴的树木，相反，日照条件好的场所，选择以适合日照且喜阳的树种为主。

• 地形与水文条件

坡面地的上半部分比较容易干燥，相反，坡面的底部及凹陷部位有较湿润的水文条件，因此，要掌握好地形状况及相应的水文条件，选择适合不同干湿条件的树种。

• 风的影响

风害主要有初春及秋天的台风等强风引起的树木倾倒或断枝，冬季干冷风引起的干旱或冻伤，台风时海风对枝叶的损伤等导致的生长障碍。应掌握地区季风的特性和风向，风害发生时，植物要选择能承受风力并可用作挡风林的树种。

（3）树木的搭配种植

树种选定后准备搭配种植时，主要问题在于树木的形态和密度关系。就形态而言，如果希望在种植初期就能看到景观效果，则一般会种植树高为5m左右的成树，但要考虑到这一高度的树木是无法预测其对环境的适应能力以及树木本身的寿命。如果希望留出足够的时间去适应环境并逐渐形成成熟景观的话，也可以尝试选择种植有一定生命活力、对环境适应能力较强、树高在3m左右的幼树。对于种植密度而言，并没有明确的规定标准。一般来说，成树林地要保证林床充分采光的密度是每100m²种植3～10棵大乔木。搭配种植时，要考虑树林底部的利用及景观性，张弛有度地进行规划设计。另外，如果适当增加一些大乔木的栽植，并在初期阶段就开始种植具有采蜜、食草效应的低矮树木，则能在早期诱引生物生息。

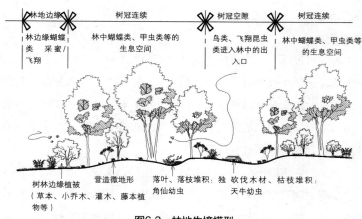

图6.2 林地生境模型

6.1.3 草地生境

（1）培育野生草地

移入适合该土地的野生草本植物，最佳的方法是利用风将种子吹到适合发芽条件的场所并自然生长，但对于人工铺设的基质土壤而言，其现实情况是不可能以裸露地面的方式长期放任不管。替换表层土壤的施工方法，虽然十分有效，但如果无法保证有合适的土壤时，则可以慢慢先从能抗踩踏、适合早期绿化的铺地草坪开始，向草地逐渐过渡。此种情况下，草坪根系稳固需要4个月的时间，因此这段时间应避免使用。通常铺地草坪栽植后2个月左右要进行草坪修剪和除草作业，但如果想促进野生草本植物的引入，就坚决不能进行除草作业，且要在4个月内控制修剪草坪。草坪根系稳固后5～10个月之间，以从地表开始5～10cm的高度为标准，每年修剪1～2次草坪。另外，不能像通常的草坪用地那样施肥，这样才能让适合该土地的野生草本植物定植下来。这种作业每1～2年重复1次，这样形成的草坪和野生草本植物混杂生长的草地才能适应该土地的环境及使用压力。

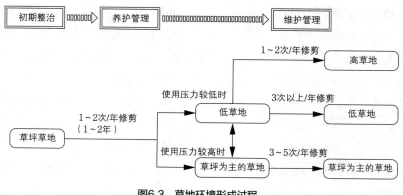

图6.3 草地环境形成过程

（2）野生草地的维护管理

初期培育1～2年后，就从对应使用压力形成九种类型的草地阶段过渡到维护管理阶段。维护管理不需要进行特殊的作业，只需在5月份到10月份之间进行草地修剪作业即可。结合使用状况，进行不同次数的草地修剪，以此调整草丛株高，尽可能保持多样的草地环境。

①维护以野生草坪为主的草坪草地

因使用压力太大或其他理由而需要维护草坪草地时，最好每年进行3次以上的草坪修剪，维护以草坪为主体的草坪草地。如果是用于轻量运动的均匀性草坪草地，则在4月份到10月份之间，每月至少要进行一次草坪修剪。草坪修剪的高度尽量贴着地皮修剪。

图6.4　草坪草地的意向图

②向低草地过渡

使用压力较小，在某种程度上需要面状使用的场所，草的高度应向10～30cm的低草地过渡。如果从地表开始5cm左右的高度、持续每年3～5次修剪草坪的话，则能保持形成由蒲公英、白三叶草、阿拉伯婆婆纳和野芝麻等构成的低草地。

图6.5　低草地的意向图

③向高草地过渡

使用压力较小，几乎不太使用的区域或者刻意控制人使用以确保生物生息环境的场所，草的高度可逐渐向1～2m的高草地过渡。以距地表10cm左右的高度为标准，每年修剪1～2次，就能维护出像春紫苑、小蓬草、苏门白酒草等株高在1m左右及中国芒、加拿大一枝黄花、胡枝子等株高在2m左右的高茎草坪。

图6.6　高草地的意向图

6.1.4　水景生境

（1）导入水景生境的必然性

如水边的功能中所阐述的那样，水对于任何生物而言都是不可或缺的要素。导入水体后对生物的多样性具有显著效果，且大多数生境的案例中都会使用水景。

说水景是生境的代名词也不为过，这是现实存在的状况，而设计者需要特别注意的是，水景营造的必然性和以此为前提去设定水景形态。周边有怎样的水系，其间有何物种生息，人类生活与水有怎样的关联等等，要清楚掌握实际状况并将其体现在设计中。水景对形成生物多样性有很好的效果，但从形成地域固有生物生息环境这一点来看，如果区域周边不存在水系，即使建造了池塘及水渠，也只能起小型蓄水池的作用。在低缓的平地环境中搭建一个如深山溪谷般感觉的堆石组合，如果这种设计仅仅是文化层面的设定，那么从形成地域固有景观角度而言，完全可以认为是一个无意义的水景设计。

另外，要清醒地认识到，人为营建出来的水景，是脱离了自然水循环而采用人工封闭式的水系统，所以对于某些种群来说，这里终究也只能是个卫星式的环境。将某些需要长距离移动生存的鱼类搁置在生息环境受局限的建设用地内，并想使其在整治后的流水环境中定居下来，如果没有做过实证检验，这也是完全没有任何意义的。

（2）水景的类型与构造

①流水区域的水景（水渠/小河）

流水区域有流动河道的坡度、流速、水质、水温、溶解氧含量、营养素、土砂等构成要素，这些要素随不同的流水形式而发生各种变化。与水边的地形和植被组合，就能形成多样的水边生物的生息环境和景观。流水的样态不同，其河道和河岸也会产生变化，比如湍流、深潭、沙洲、河流湖泻等流路形态，其间生长的苔藓、挺水植物等植被和两侧岸边的植物融为一体，形成水生生物的生息空间。这些空间的连续，形成了连接上流与下流的廊道空间。

另外，考虑水路自身形态的同时，建议设计中融入从水边边际开始在横断方向上富有变化的水岸群落交错区。以萤火虫为例，岸边的一侧为杂木林，另一侧是水田及草原等开放式空间，只有这样，才能形成可确保成虫休息、飞翔、繁殖的环境，也只有这样，才能保证萤火虫在这种水路及其周边环境中渡过它的一生。

- 水路的形态与构造材料

对水路的形态没有特殊的规定，最好是以能反映出当地地域特色为宜。

人工建造的水渠、小溪，或者平原地带的水田中常见的小河等流水，其河道坡度较平缓，流线也基本上是直线。河道大多为土砂，而护岸的材料使用土、不规则木桩及柳枝的情况居多。

越靠近山区，河道坡度越陡，水路的流线也变成形态丰富的蛇形。护岸及河道部分大多是流水冲刷而成的砂砾、石块，个别情况也有人工砌筑的干砌石、尖木桩、木板栅栏等。

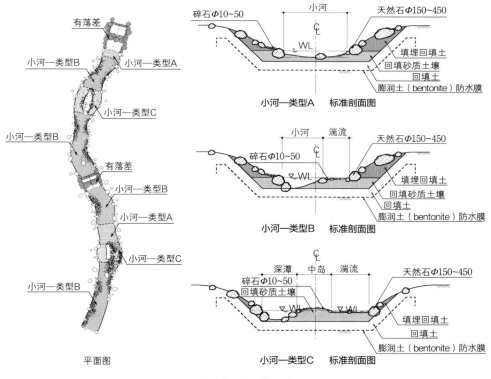

图6.7　小河模型图

- 水量与水深

水路的水深以鱼类等可以生息的20～30cm为宜，在允许的范围内，水路宽度及护岸构造尽量富有变化。

如果水源的水量充足且有一定的流动性，则能有相当于整体水深高度的水量流动，但大多数情况下水源受到限制，需要借用动力泵来完成循环。标准水泵的动力一般只能保证2～5cm左右水深的流量，因此，可以在水路中加设堤坝来确保所需的水深。

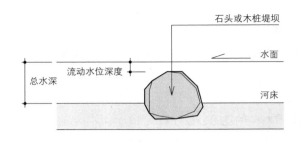

图6.8 利用堤坝调整流量和水深

- 河床的厚度及防水

河床的厚度需要结合预期生长的挺水植物等根茎的伸张状态来确定，通常为30cm左右，但在有落差或者因坡度较陡而可能出现冲刷现象等的部位，则要确保落水位置的河床具备抵抗砂石或砾石的强度。

防水层要结合经济性、施工性以及现场的土壤条件，对现状土壤进行压实硬化处理，或者均匀覆盖黏土，也可使用防水膜。

地下水位较高或现状土壤为黏性土时，较经济的方法是，将现状土壤做碾实硬化处理，但这需要娴熟的技术。

黏土作为天然材料，防水性能优越，但在市场性和经济性方面受到制约，因此有效的做法是小规模调配黏土，或现场制作黏土。

防水膜在市场性和施工性上都很有利，但要考虑到防水膜在铺设前后水分条件会发生很大变化，因此铺设时要留出足够的宽度和深度。

②死水区域的水景（池塘、沼泽）

死水区域的池塘或沼泽，其水的流动非常少，几乎看不到流水区域那样变化的河岸。但是，在水流动较少的环境中，其不同的水深会生长有相应的水生植物，还会有落叶、落枝堆积，岸边也生长有各种植被，从而形成了多种多样的水边环境。整治死水区域水景环境的关键是，通过池底地形变化构成多种水深，岸边引入植被确保生物的多样性。

- 水深

池塘整治完成后，随着风雨落叶及砂土逐渐堆积而会渐渐向陆地化推进，因此搁置几年后就需要清淤。频繁清淤作业，不仅浪费大量人力，也会搅乱已稳定下来的池塘生态系统。为了减轻这种工作，建议在标准水位之下50cm左右开始进行清淤工作。

即使是死水区域，随着水深的变化也会出现温度差，因此会产生水的对流。池水中央部位的水深，要在考虑池塘的规模以及安全性的平衡关系的基础上高于标准水位设定，这样就能防止对流的产生，并确保冬季蓄水坑处留存有鱼类。建议水深在1~1.5m以上。

- 水生植物

水生植物是蜻蜓这样的昆虫休息停留的场所，其茎秆部位也是产卵、孵化的主要场所。建议引入与当地气候和水深相适应的品种。

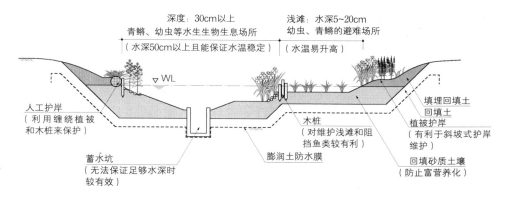

深度：30cm以上
青鳉、幼虫等水生生物生息场所
（水深50cm以上且能保证水温稳定）

浅滩：水深5~20cm
幼虫、青鳉的避难场所
（水温易升高）

人工护岸
（利用缠绕植被
和木桩来保护）

蓄水坑
（无法保证足够水深时
较有效）

膨润土防水膜

木桩
（对维护浅滩和阻
挡鱼类较有利）

填埋回填土
回填土

植被护岸
（有利于斜坡式护岸
维护）

回填砂质土壤
（防止富营养化）

图6.9　池塘模型图

• 岸边的植被

水边的生物大多喜欢开敞明亮的水面，也有像玉带蜻蜓那样喜欢在有树荫的水面上飞行的品种。水岸边，应协调搭配种植能在水面形成阴影的大乔木、丛生低矮灌木及草本类植物以确保多样性。

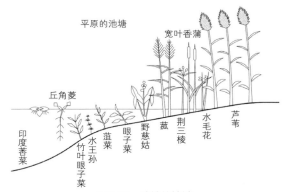

平原的池塘

宽叶香蒲

丘角菱

印度莕菜

水王孙
竹叶眼子菜

菹菜
眼子菜

野慈姑
茨

荆三棱

水毛花

芦苇

图6.10　池塘的植被

（3）结合不同水源的设计

与自然水系隔离开来的水景的水源，可以考虑使用饮用水、地下水、中水、雨水等。水源的类别，不仅牵涉前期投入及维护管理等费用，也会影响到生息环境中水质的维护问题。不同的水源有各自的优缺点，应从经济性和水质的维护以及对生态的影响等角度综合判断选择。

①自来水

含有对生物有恶劣影响的氯元素，需要通过稀释或存放几天进行除氯处理。另外，对应的水使用量的水费，也应计入维护管理费用中。

②地下水

是含有一定矿物质成分的优质水源，但过量使用地下水会导致地基下沉，因此有些地区会有用水限制，根据所设计的水景规模，其供给量也会受到制约。另外，较浅的水井也会含有氮或磷等营养元素，因此有必要进行水质调查。

③再生水

使用经处理场水处理设施处理的再生水，在有效利用处理水以及削减维护管理费用等方面十分有效。但是，大多数的处理水，含有氮及磷等养分，会因富营养化而导致水体污浊及产生绿藻，因此水系内外需要进行净化工程。

④雨水

与地下水一样，雨水是优质水源，但要结合使用量来确保集水面积，同时需要贮水设施，因此相应会有维护管理方面的费用。另外，如果集水面积无法达到所要求的使用量时，就需要考虑组合其他方式的水源。

（4）水景生境的水质维护

人工水景的水质维护，需要结合不同目的的水质标准，通常需要砂过滤等物理性过滤与氯气消毒及铜离子杀菌等化学性净化并用，或者需要进行特殊处理。另一方面，在水景生境的水质维护中，考虑到对装置的生态要求以及药剂对微生物与生物的毁灭性影响，通常不会物理性过滤与化学性净化并用，大多采用补给水来稀释污浊度，或通过水循环消解沉淀及通过曝气来补充氧气，再有就是利用水生植物进行生物净化（过滤）。

自然界中的水系，在某种程度上可通过土壤、植物和微生物的食物链及分解等物质循环来维护水质。水景生境的水质维护，要以那些自然本身拥有的自净能力为目标，使用对自然没有负荷及对生物不产生恶劣影响的净化设备，以及对生物有较高亲和力的材料，同时有效利用土壤中及水中自然产生的含有微生物的物质循环，建议结合水景条件确立整合的系统。

①确保溶解氧含量

• 确保水中有充分的溶解氧含量，这对保证水生生物的生长发育，促进水中微生物分解落叶等维护水质方面都具有较好的效果。

• 流水区域中设置浅滩和落差，使水面波荡起伏，在死水水域的循环水出口部位设置落差，这些方法都可以补充氧气。

②土壤

• 水底的土壤富含微生物，可期待其净化水质的功能，但相反，如果是含有大量养分的土壤，则会引起富营养化。以中水作为水源时，可能会产生富营养化的水景，应探讨使用不含营养成分的山石砂砾等砂质土壤，或赤玉土等块状土壤。

③水生植物

• 水生植物具有净化能力，可以吸收水中及土壤中所含有的氮、磷等营养成分，但植物个体中蓄存的氮、磷元素，如果不清除植物，则无法将其移除到水系之外，因此，已过成长期的水草应实施割除作业。水源及基质中含有营养成分时，仅靠水生植物有一定的局限性，要结合使用其他的净化方法。

6.2　将维护管理考虑到设计中

在建筑的外部空间中整治的生境，倡导原生态的自然目标是极为罕见的，大多要依靠人为介入的状态保证二级自然，因此维护管理应采取从慢慢推进到逐渐放手的方式，这样实现目标的可能性会比较高。因而建议：与其设想如何去削减维护管理，不如考虑方便维护管理的设计内容。

6.2.1　确保管理服务小院

生境的维护管理作业包括：清除林地的杂草灌木丛，剪枝，草地修剪，清理水景中的落叶及垃圾等，因此需要有存放作业用工具的场所及存放清除出来的杂草、树枝的服务性小院。清理工作外包时也同样需要临时性堆料场，因此尽量确保这一空间。另外，还要考虑重新设计连接园地与管理小院的作业动线。

6.2.2　有效利用生态堆放空间（Eco-stack）

园地内，维护管理作业产生的废弃材料要进行生态堆积，这不仅能作为生物间相互交遇的空间来使用，最终可用于堆肥，能减少垃圾的产生。

6.2.3　考虑生态与使用之间的平衡及确保设施强度

水景的护岸部位，考虑到生物的生息，大多使用多孔质的原木或干石堆砌，但是在一些观察空间等护岸部位的人能接近的场所，其护岸被损坏的可能性较高，因此就需要使用其他的材料或者砌筑石堆等，应结合使用方式提高设施强度。时刻铭记要在使用与生态之间的平衡关系的基础上采取具体情况具体分析的应对措施。

另外，木栈道及观察用木平台等木质设施，应选择方便替换的基底，栏杆使用国产材料，可能被水淹没的柱子及横梁应使用不易腐烂的国外产的硬质木材，确保强度以减少修补频率。

第7章
水景设施
设计

7.1 水景设施的形态与课题

7.1.1 什么是水景设施

水景设施这一词汇，对普通人来说是个不常接触的单词，但我们日常总会在街道中看到像日比谷公园的大型喷泉、建筑入口作为修景使用的落水及水面、涌泉喷水、水池等之类的设施。

水景设施是人工建造的、与水有关的设施的总称，这是继土木领域中所说的"治水"、"用水"之后的第三个要素——"亲水"要素。水景设施并非仅仅指使用水的设施，它担负着提高地区综合舒适性（amenity）的作用。

然而，"水景设施"并非是普遍使用的通用词汇，结合不同领域及使用范围，也有使用"亲水设施"、"美化景观设施"、"喷水设备"、"亲水空间"、"水边空间"、"水网空间"等词汇。本书所涉及的水景设施的范围如图7.1所示。与自然水循环中存在的河川、湖沼和大海不同，主要是指以某种手段人工性地确保水源设置并裸露于地表面的设施。另外，

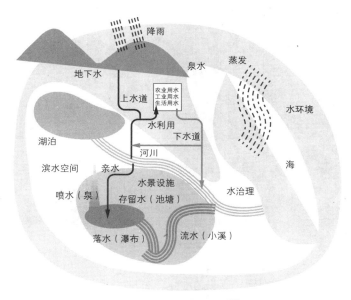

图7.1 水景设施的范围[1]

一般都会配套设置水循环设备及净化设备。此外，水景设施通常不单指水面，也包含滨水空间（本书指绿地）。

7.1.2 水景设施的形态

　　水景设施从水的姿态可分为"喷水"（向上喷射的水）、"落水"（落下去的水）、"流水"（流动的水）、"静水"（存留的水）这四种形态，从利用形态可分为"亲水设施"（以进入水中为目的的设施）、"美化景观设施"（以眺望水景为目的的设施）、"自然观察设施"（创造型生境属于该类别）这三种形态。依次进行相互组合的话，会存在12种形态（图7.2）。这些再进行多种交叉组合，就能搭建出各种类型的水景设施。城市地区很早就失去了自然，因此唤醒和创建建筑物近旁自然环境的需求在不断高涨，因而亲近生物这一呼声，是作为环境共生建筑而提出的要求事项，同时也是作为本书中生境的构成要素之一，用于倡导以自然观察为目的去设置水景设施。

图7.2　水景设施的12种形态[2]

7.1.3 规划、设计中的水景设施课题

　　通过案例调查明确水景设施存在的问题，通常与自然的水边出现的问题有相同之处，

但也有很多与人工水景相关的设施特有的问题。其原因大多是水景设施大部分都是小型循环系统，无法确保充足的流量。具体的问题，见表7.1中以利用形态分类列举的项目。水景设施的问题，大多出现在与"设施、设备"和"生物"有关的问题上。因利用形态而出现的问题有很大差异，因此在设计时应事先做好充分研究，按多种使用目的配备水景设施。

在前面叙述的图3.5中的水景设施，是与问题点相吻合的城市中水景设施的案例。这一设施以自来水作为水源，涌出的水经由小溪流至下游鱼类等生息的青蛙池中。该水景设施是儿童们经常戏水的设施。然而在之前的0-157病毒骚乱时期曾被迫停用。停止使用的理由是，其他相邻的水景设施可通过氯元素进行杀菌消毒，而该设施却无法实施。

几年之后，对该设施进行再调查后发现，设施虽然可以投入使用，但却变成人无法进入的状态，在利用方式上发生了很大变化。其最大的原因可能是由于水底设施未进行清理。

不同利用形态面临的水景设施课题[1]　　　　　　　　　表7.1

主项目	次项目	亲水设施	美化景观设施	自然观察设施	注意事项
设施/设备	流量不足	○	○	◎	应注意自然观察设施不易做后期调整，还要注意水的地下渗透
	水质恶化	◎	○	○	最重要的是确保亲水设施的卫生性。自然观察设施应确保生物可生息空间的水质
	水的节约使用	◎	○	○	首先探讨自然水源的使用，其次考虑循环利用
	能源的节约使用	◎	○	△	设计中尽量不依赖循环装置和净化装置。运转时期和时间要恰当，探讨自然能源的有效利用
	清扫成本	◎	◎	△	定期性清扫，是人进入或接近的设施不可缺少的
	水处理成本	◎	○	○	亲水设施也需保持与游泳池同等标准的水质要求。自然观察设施对应生物生息需要严格的水质管理
生物	悬浮物质（军团菌属）	◎	◎	△	喷水、落水影响较大。由于军团菌属存在于自然界中，因此自然观察设施中，人能靠近的喷水、落水尽量避开使用
	人不小心侵入	△	◎	◎	要考虑器物的损坏和对生态系统的影响，需通过设置栅栏、木平台及木栈道等来控制可进入的空间
	器物的破损	◎	○	△	最多的是喷水的喷嘴破损。设计中尽量做成人不易触摸的形式
	不舒适感（有味道、水声、害虫等）	○	○	◎	表面观察到的水质的影响较大。自然观察设施在靠近建筑的部位需特殊管理
	动植物不能生长繁衍	△	○	◎	要注意外来物种的入侵。萤火虫等特殊物种生育繁衍时，专业知识不可或缺
	对生态系统的影响	○	○	◎	水边空间形成的生态系统会十分丰富，能极大地扰乱现状的生态系统，因此要留意。亲水设施、美化景观设施也能招引鸟类

注：◎：问题非常大；○：有问题；△：有一些问题。

　　为了建造一个可持续使用的水景设施，除了有效利用建筑中使用的资源或排放的资源外，人为恰当的管理也是不可或缺的。人参与的戏水或观望用的水景设施停止使用后可以摆脱最坏的状态，但自然观察设施停止使用，就会完全剥夺生物的生息环境，且不采取任何措施而弃之不管的状况也时有发生。图7.3是以环境共生住宅为理念建造的集合住宅水景设施系统。地下设有雨水存储池，利用风力发电和太阳能发电的动力泵将水抽取后用于生境池的循环用水，但是从夏季的调查发现，水滞留后产生大量藻类，臭气飘散到了四周的环境中（图7.4）。

　　如此看来，在采用各种以环境保护为前提的案例中，大多数的水源都是利用雨水，而抽水泵或循环泵的动力，大多源自风力发电或太阳能发电，但是如果集水面积较小时，仅靠雨水来确保生物生息所需的充足的水量是十分困难的。而引入新的能源方式或水质净化装置，对于自然观察设施的长期性维护而言又很困难。因此，在有地下水或泉水等能充分保证水源的地方设置设施就成为首当其冲的选择，但是，在水量无法充分保证，仍需要建造自然观察设施时，可以将自来水或再生水引入进来作为补给用水，同时应选择能促进自然净化的设施。但需留意，自来水因含有残留的氯元素而会影响生物的生息。此外，再生水中含有氮元素、磷元素等的有机物质，会因富营养化而导致水质污浊，需要引起注意。但是，含有粪便的再生水，在法令中规定禁止在此类设施内使用。

　　水质维护与自然生态系统中水边空间的自然净化相同，为保证含氧量，水面应设置落差。这时治理水生生物及水中微生物的生息环境十分必要。芦苇、宽叶香蒲等水生植物具有净化能力，能吸收水中或土壤中含有的氮、磷元素，但生长繁茂之后也会枯萎而残留于水中，因此在不同时期对植物进行修剪。利用碳或人工材料进行过滤，会有一定程度的吸着、催化作用，但通常净化作用会随着时间的流逝而渐渐降低，因此定期的维护管理是不可或缺的。

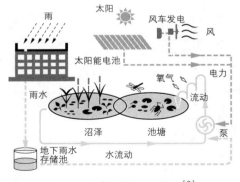

图7.3　生境的水循环体系[3]

图7.4　夏季水的状态

7.2 目标水质

7.2.1 水景设施的水质项目

水景设施的水质，要在掌握了水源供给与水景使用目的相吻合的水质，从周边流入的水质，以及保持该池水的水质等状况之后再确定。

利用井水时，会担忧水质发生变化，因此建议记录一年的抽水量及进行水质分析，并进行数据管理。井水之外的水源利用，需研究并验证水是否满足流入量、供给量、补给量。另外，一种水源的供给水量呈减少态势时，就应考虑使用多种水源。

水源设施的水质要结合池水类别选定基本的水质项目，应以保持目的性水质不变为前提去设定目标水质。

水景设施的基本水质项目[7]包括如下所示的①～⑤5项以及水景设施的水源中与补给水及流入水有关的⑥～⑬的8项：

①固体悬浮物（SS）；

②氢离子浓度（pH）；

③生化需氧量（BOD）；

④大肠杆菌；

⑤臭气；

⑥化学需氧量（COD）；

⑦溶解氧（DO）；

⑧透明度；

⑨氮、磷；

⑩氨（NH_4）；

⑪色度；

⑫浑浊度；

⑬铁、锰元素。

具有代表性的水质项目概要如下：

- 固体悬浮物（SS）：如水质标准项目中所阐述的那样，是代表水浑浊程度的指标，清除SS后就能维持池水的环境。

- 氢离子浓度（pH值）：表示池水的酸性（7.0以下）、中性（7.0）、碱性（7.0以上），表示水的基本性质的指标。

- 生化需氧量（BOD）：代表水中有机物污浊程度的指标。是导致水污浊的因子SS与溶解性物质的组合，BOD是使生态系统发生变化、水质恶化以及产生恶臭的原因。

- 大肠杆菌（以前为大肠杆菌群数）的标准：根据水景设施的内部修景池、亲水池等用途，人是否接触水池，或者池水的水源使用何种供给源，其大肠杆菌的个数各有不同，可参照表7.3、表7.4、表7.5、表7.6。

- 臭气：是人的感觉量，从水景设施的使用目的和环境的观点来判断是否需要。
- 化学需氧量（COD）：是水中的有机物被氧化剂氧化时的氧元素消耗量，一般指与过锰酸钾反应后的数值。
- 溶解氧（DO）：池水中溶解的氧元素量，在水渐渐污浊后其含有量会减少。对池水生物的生存、增加自净功能方面十分必要，可以强制性使用循环装置或曝气装置等来加以改善。

表7.2所示为不同的水景类别对应的水质项目，要在掌握各类别的利用形态、运营状况的基础上来选择水质项目。

7.2.2 不同类别水景设施的目标水质

（1）一般公司法人，日本水景协会设定的目标水质

一般公司法人、日本水景协会水景技术标准（提案）说明中，列出了如表7.3所示的不同类别水景的目标水质。

（2）公司法人，公共建筑协会设定的水质标准

水景设施的水源种类中，对排水的二次、三次处理水进行再利用时，必须满足公司法人/公共建筑协会设定的水质标准，即"排水再利用、雨水利用系统设计标准及说明"中的水质要求标准。

不同水景类别对应的水质项目[8]　　　　　　　　表7.2

水质项目	观赏池	亲水池	造景池	雨水调节池
SS	◎	◎	◎	○
pH	◎		△	
BOD	○		△	
大肠杆菌		◎	○	
COD	△	◎	△	
DO	○			
透明度	○	○	○	○
氮、磷	△		○	
NH$_4$				

注：◎：最重要的水质项目；○：必需的水质项目；△：需设定条件的水质项目。

不同类别水景的目标水质[9]　　　　　　　　表7.3

水质项目	亲水池类	造景池类	观赏池类
pH	5.8~8.6	5.8~8.6	5.8~8.6
BOD（mg/L）	3以下	5以下	5以下
SS（mg/L）	5以下	10以下	15以下
臭气	没有不适感的程度	没有不适感的程度	没有不适感的程度
大肠杆菌（MPN/100mL）	1000个以下	—	—

表7.4是针对排水再利用水的水质标准，列举了从大肠杆菌到结合残留氯元素为止的共7个水质项目。

表7.5是雨水再利用的水质标准，结合水景用水列举了从大肠杆菌到污浊度为止的6个水质项目。

（3）关于下水处理水的技术性水质标准

表7.6是下水处理水再利用的水质标准，结合造景、亲水用水列举了从大肠杆菌到色度为止的7个水质项目。

对于色度，应以文献［11］第3章中关于再生水利用技术性标准表为依据，在考虑使用者意向的基础上设定相应的标准值。

排水再利用水的水质标准[10]　　　　　　　　　　　　　　　表7.4

水质项目	标准	水质项目	标准
大肠杆菌	未检测出程度	BOD	15mg/L以下 个别循环的情况
pH值	5.8以上～8.6以下		
臭气	没有异常的程度		20mg/L以下 上述以外的情况
外观	基本为无色透明		
COD	30bmg/L以下	游离残留氯元素 （结合残留氯）	送水栓的水为0.1mg/L以上 （送水栓的水为0.4mg/L以上）

雨水利用水的水质标准[10]　　　　　　　　　　　　　　　表7.5

水质项目	标准	水质项目	标准
大肠杆菌	未检测出程度	pH值	5.8以上～8.6以下
外观	基本为无色透明	浑浊度	2度以下
臭气	没有异常的程度	BOD	—
游离残留氯元素 （结合残留氯）	送水栓的水为0.1mg/L以上 （送水栓的水为0.4mg/L以上）	色度	—

下水处理水的利用水质标准[11]　　　　　　　　　　　　　　　表7.6

水质项目	亲水用水	造景用水
大肠杆菌	未检测出程度	1000FU/100mL
外观	没有不适感的程度	没有不适感的程度
臭气	没有不适感的程度	没有不适感的程度
pH值	5.8以上～8.6以下	5.8以上～8.6以下
游离残留氯元素 （结合残留氯）	送水栓的水为0.1mg/L以上 （送水栓的水为0.4mg/L以上） 无需消毒的不适用	从保护生态系统角度考虑，不将氯气消毒以外的处理及人的接触作为前提，故无规定
浑浊度	2度以下	2度以下
色度	10度以下	40度以下

7.3 引入设备的注意事项

7.3.1 净化设备的条件

（1）净化设备的基本条件

随着城市的发展，水景设施变得越来越普及，但同时因维护管理及维护费用等问题而导致自净能力消失，或无法满足水的供给补充，或池内污泥淤积等水景恶化的现象时有发生。本节将陈述喷水以及照明效果以外的水景设施的净化设备问题。

为保证不同类型水景设施达到其功能和使用目的，应明确策划、设计、施工、维护管理之间的相互关联性，并进行一体化整合，形成确实有效的运作组合方式。特别是亲水池，由于人会直接接触并进入到池水中，因此要从安全性和卫生的角度去选定必要的水质项目，同时还需引入能保持水质的净化设备以提高其效果。

设计净化设备时，要考虑水景设施的类别、用途、目的、设置环境、地域环境及动植物的生长发育，在此基础上整理出水景设施所需的必备条件。

水景设施规划设计条件的必要事项如下所示：

①明确水景设施的用途、区别、分类、目的、容量、范围等

把握好整体水景设施的基本概况，明确水景的类型、用途、目的、规模、区别、范围等。

②考虑经济性、节能性

必须明确考察供给设备的电力、动力和水源的经济性以及节能的维护管理费用。

③把生态系统中有无动植物等问题涵盖在内，明确池水水面大小、深度等条件

有无生态系统，其选定的水质目标值及消毒/除藻装置会有很大不同，因此要明确初期阶段的水景目的。

④确保水景供水的水源种类及水量，应考虑水景的使用目的来准确选定

结合水景的使用目的，验证水景应使用何种水源，以及水源是否能保证充足水量。

⑤研究分析确保水景的补给水量及循环水量

确定水景的容量，并探讨池水的补给水及循环水量，确保水景池水的经济性。

⑥结合用途和目的，探讨以维持原水为基准的净化设备的利用及方式

结合水景类型的目的，探讨包含维护管理在内的净化设备的利用方式。

⑦应严格遵照执行管辖区域、各政府厅局部门的法规/基准/条例、指导等协议

水景中会发生很多与饮用水供水、下水相关的事宜，因此规划阶段应充分做好各个政府厅局和条例及指导事项的协议工作。

⑧考虑不会对地域及周边环境造成恶劣影响的环境对策

应充分研讨不会对地域及周边环境的饮用水供水、下水、风向引起的臭气、污染等产生恶劣影响的环境对策。

⑨考虑适用于整体水景设施的维护管理方式

水景设施的各项设备既要方便维护，也能应对紧急突发状况，且保证运行良好。

（2）净化设备的设计条件

应先制作满足规划的给定条件及设计中各项要求事项等各阶段的水景设施审核表，然后再决定水景设施的方针、运营条件。

设计净化设备需在掌握规划的基础上，确定设计条件，整合净化设备的构成方式，确保运行良好。另外，设计中，为明确维护管理的重要性，要把确实必须实施的事项标记出来。

净化设备设计条件的必要事项如下：

①净化设备必须是高效率系统

符合水景设施的用途和目的的净化设备，根据水源的使用量及泵的输送能力，应考虑选择节省水源、节水、节能的高效率系统。

②决定设置净化设备的合适位置

要充分探讨净化设备的主机房、循环管理路径、池水补给水的流入方向等项目之后，再决定恰当的位置，并要考虑经济性。

③决定对池塘的用途、目的有效且无阻碍的容量

针对水景设施的用途和目的，净化设备中的各类机器、器具、装置等要有效，并换算出无阻碍的容量值。

④考虑目标水质的维护

保护目标水质应铭记维护管理的重要性，努力去维护水质。

⑤在安全性及卫生方面不出现障碍

像亲水池这种人会进入并与水发生接触的水池，或者使用排水再利用的水源，应选择安全、卫生的系统。

⑥选用不会给净化设备的系统、部位带来恶劣影响或不快感的构造

构造形式应保证不出现净化设备各部位制控故障显示、管线、阀门类漏水、逆流产生污染等问题。

⑦明确净化设备的初期成本及运营维护费用的适当性

要明确初期成本，特别是运营维护费用，在掌握这些费用的基础上实施水质维护管理。

⑧明确包含净化设备过滤材料在内的水处理系统使用年限

包括净化设备过滤装置中的过滤材料在内，要明确各个部位的更换频率、使用年限，然后制定维护管理费用的策略。

⑨考虑净化设备维护管理、保守的定期检修工作的安全性、方便性、经济性

明确维护管理业务的同时，也要考虑安全性、方便性、经济性。

⑩考虑未来净化设备的改造、更新、增设等方面的对策

水景设施在以后会出现改造或增设的情况，因此还要考虑到它的未来性。

⑪考虑设置场所的抗震性

净化设备的机器、器具、装置、管线等要具有稳固措施及抗震性。

⑫寒冷地区需考虑冻结、积雪、维护管理等问题

寒冷地区，机器、器具、装置、管线类应结合冰冻和积雪问题配备防止冻结的加热器，保证埋设深度和保温等，实行冬季维护管理。

⑬注意过滤的逆流水等的排放流向

要考虑从过滤装置出来的逆流排放水的排水量，并防止给水系统造成污染，可以考虑使用间接排水的处理方法，同时排放流向也要做好充分研讨，并执行各厅局的协议。

7.3.2　水景设施的净化系统

（1）净化的基本处理方法

导致池水产生污染的因素有水温、氮化合物、磷酸根离子、酒精度、铁成分、细菌等，应选择满足池水浓度的规划条件的净化设计。

水景设施的池水净化方法是清除和分解处理水或流入水的主要目的性物质，有如下几种基本的水处理方法：

①物理处理

目的是清除污浊水中的杂质和固体悬浮物（SS），通常的处理方式为固液、液液分离方式。

- 固液分离方式中有沉淀、上浮、过滤等凝结分离方法。

固液分离方式的处理方法如下所示：

- 凝结沉淀：横流沉淀池。
- 凝结上浮：加压上浮/漂浮。
- 凝结过滤有如下几种过滤方法：
  - 阻隔过滤：筛子过滤。
  - 澄清过滤：预涂层过滤、急速砂过滤、缓速砂过滤、悬浮材料过滤等过滤方法。
  - 精密过滤：超滤（UF：ultrafiltration）、反渗透（RO：reverse osmosis）的膜过滤处理方法。
  - 脱水过滤：加压、真空、带式压滤、离心分离的过滤方法。
- 液液分离方式的处理方法有：离子交换、反渗透、油水分离。

②化学处理

目的是凝结固体悬浮物（SS）、平衡氢离子浓度（pH）、氧化、还原、消毒等。其处理方法有：凝结、氧化还原、中和、臭氧氧化、吸附等。

③生物处理

目的是通过微生物分解固体悬浮物（SS），处理方法有好气性和嫌气性。

- 好气性分离处理方法包括：

活性污泥法：各种活性污泥法。

滴滤池过滤法：各种滴滤池过滤法。

淹没式生物滤池过滤法：生物接触氧化法。

转盘过滤法：圆盘旋转法、滚筒法。

- 嫌气性的处理方法：脱氮池。

以上介绍了净化基本处理方法中的物理处理、化学处理、生物处理的概要，而选择哪种处理方法，关键是要考虑水景的景观、水景周边的环境、处理性能等，选用完全符合该水景设施目的的处理方法。

（2）净化系统

水景设施的净化设备，大致由防止水池内进入污泥的除尘设备、保持目标水质的净化设备、细菌/藻类的消毒/除藻设备等相互搭配组合而成。

净化系统中有不同类别的水景设施，结合该水景设施的目的、水质净化的基本条件、水源种类、流入水等因素，其净化系统会有不同的构成方式，需因地制宜地选择恰当的净化系统构成方式。

表7.7是不同类别水景的净化系统选项中，对应以循环方式为主的过滤装置、生物处理、pH值调整、曝气装置、消毒装置、除藻装置、辅助循环、新水补给、沉淀对策、提高自净能力、削减污泥流入等条件所构成的净化循环系统一览表。亲水池的流动池及喷水池的净化循环系统由过滤装置、消毒装置、除藻装置、辅助循环装置和新水补给等构成。

不同类别水景净化循环体系构成表[8]　　　　　　　　　　表7.7

对应水景类别		净化循环体系构成										
		过滤装置	生物处理	pH调节	曝气装置	消毒装置	除藻装置	辅助循环	新水补给	沉淀对策	提高自净能力	削减污泥流入
亲水池	流动水池	◎				◎	○	○	○			
	喷水池	◎				◎	○	○	○			
造景池	庭园池	○	△		△		○	○	○	△	○	○
	公园池	△	△		○		△	○	○	○	◎	○
观赏池	观赏池	◎	○	△	△		△	△	○		△	
	鲤鱼池	◎	○	○	◎		○	○	○			
调节池	蓄水池	○	△		○		○	○	○	○	○	△
	大型开发池	○	△		○		△		△	○	○	△
其他池塘	泳池	◎	△			◎	△					
	防火用水池	◎					○	○	○			
	壕沟	△					△	○	△		◎	◎
参考池/饲养、展示池	养殖池	○	○	△	○			○	◎			
	蓄养池	○	○	○	◎				◎			
	水族馆	◎	◎	◎	◎		△	○	◎			
	动植物园池	◎					○	○	○			

注：◎：优先部位；○：必要部位；△：研讨部位。

净化设备中的机器类，由除尘装置（筛子）类、循环泵、过滤机、控制装置、管线阀门类、消毒除藻装置等构成。循环水量及池水补给水的容量需结合使用目的设定最小限度的水量，做到保护水资源及节省能源。

以下详细介绍各类机器：

①除尘器

除尘器有固定式筛子、自动式筛子、过滤器、毛发过滤器（hair cast）等，根据这些组合方式决定除尘器的安放位置，无论哪一种都需在第一次循环泵之前设置，以除去干扰物质。另外，要充分注意筛子部位的过滤速度。

②循环泵

循环泵是用来向池水和过滤装置输送循环水或为净化设备输送水，通常大多使用陆地用水泵。循环泵输送水量的能力无需大于所需的水量，而是针对供给动力设备，从节能的角度去考虑。

循环泵的扬程确定是在池水面与过滤装置的落差的基础上附加过滤装置、毛发过滤器、管线、阀门类（自动调节阀、手动阀、水路阻断阀等）、池水流入口及回水口的摩擦损失抵抗之后计算出来的。

③过滤装置

净化循环系统中的过滤装置以除去池水中的尘土、垃圾等的SS为目的，具有举足轻重的作用。过滤装置的处理水量以池水一天循环次数为准，用转数来表示，转数的确定对池水的净化十分重要。转数因水景设施的类别而不同，需根据污泥产生量、水质及池水的使用目的来确定清除能力。

过滤装置的处理水量、转数、过滤面积的计算参照以下公式[12]。

$$Q = \frac{V \cdot N}{T}, \quad N = T \cdot \frac{Q}{V}, \quad A = \frac{Q}{v}$$

式中　　Q——过滤器的处理水量（m³/h）；　　　亲水池：4~8次/日

V——池水的容量（m³）；　　　　　　造景池：0.1~3次/日

N——转数（次/日）；　　　　　　　　观赏池：8~24次/日

T——过滤机器的运行时间（h/日）；　雨水调节池：0.1~0.5次/日

A——过滤面积（m²）；

v——过滤速度（m/h）。

过滤装置的运行时间，通常以24小时为标准，但也根据水景设施的目的，由运营时间、季节性制动时期来决定。

过滤装置的逆冲洗排水量，因过滤装置的类别及过滤材料的内容而有所不同，从水资源角度也好，从节省资源和节水角度也好，都要最小限度地设定清洗时间。过滤装置的逆冲洗时间也与逆冲洗速度有关，通常可设定为15~20分钟，这由水质及过滤材料来决定。逆冲洗排水量适用下水道的排水标准，应与各厅局做好充分协调，必须满足排放水质的条件。另外要注意，有时对下水排放有特殊规定，根据条件需义务性设置除害设施。

过滤装置一般有以下4种方式：

- 压力式上流过滤方式（上浮过滤材）；
- 压力式下流过滤方式（普通砂过滤材）；
- 压力式下流过滤方式（泳池用砂过滤材）；
- 卡箍式过滤方式（卡箍过滤材）。

表7.8针对上述4种过滤方式，对不同类别水景的过滤材、处理概要、过滤材的再生方式、逆冲洗方式、过滤速度、优点、缺点等进行了比较。选择时要明确针对池水的用途、目的的设定条件，而决定适合的方式。

④制控设备

净化设备中的制控设备对象有循环泵的开关、过滤装置的开关、逆冲洗、水位以及补给水等。循环泵的制控实行24小时及利用计时器设定时间，应考虑降低电费的运营成本以达到节能效果。

⑤管线类

管线类应选择对耐腐蚀性、防湿性、漏水性、强度等不产生影响的材质。

净化循环系统应对过滤装置的种类、制控方式选用不同种类的自动阀，建议机器、器具、装置的供给压力设定为最小压力，管线内的流速，原则上小于1.2m/s。

⑥消毒、除藻装置

水景设施的消毒、除藻装置，应结合该水景设施的目的、用途以及周边环境，探讨分析各个方法的特点、优点、缺点、初期投入成本及运营成本等，最后决定适合池水的最佳方法。

消毒、除藻装置的选择条件列举如下项目：

- 结合消毒、除藻装置的特点考虑功能、效果、反应等。
- 考虑消毒、除藻装置的可持续性。
- 明确消毒、除藻装置的安全性和制控性。
- 明确人是否接触池水。
- 考虑对周边环境的影响。
- 明确池水有无动植物生态系统。
- 考虑净化设备使用材料的影响
- 注意维护管理的安全性、方便性。
- 注意消毒、除藻中所使用药品的取放及保管场所。

表7.9是不同类别水景中，过滤循环系统的消毒、除藻方式所选用的注入次氯酸钠装置、紫外线消毒装置、臭氧发生装置、铜离子产生装置这4种方式的比较。选择时需要根据水质维护的有效方式来做决定。

表7.8

过滤方式比较表[8]

项目	上浮式过滤材过滤	普通砂过滤	泳池用砂过滤	卡筒式过滤
对象水景类型	观赏池、造景池、亲水池（流水、喷泉）、养殖池、泥沼池及其他	观赏池、造景池、亲水池（流水、喷泉）、养殖池、泥沼池及其他	喷水池、泳池	小规模喷水池、泳池、无生物的条件
过滤方式	压力式上流过滤	压力式下流过滤	压力式下流过滤	卡筒式过滤
过滤方式的构成机器类	· 过滤机（机器内藏型） · 搅拌机、集水装置（过滤机内） · 原水泵、清洗泵	· 过滤机、过滤材、清洗阀 · 集水装置（过滤机内） · 原水泵（逆冲洗泵）	· 过滤材、过滤机 · 集水装置（过滤机内）、原水泵 · 5向阀（过滤、逆冲洗、排水）	· 过滤机、过滤材 · 原水泵
过滤材	· 使用单层式树脂上浮过滤材（1.1~1.9mm）其他用砂过滤有单层、二层	· 任何类的结构层（砾石）中石英（0.45~0.7mm）与陶瓷结合合目的组成的集成构造 · 有过滤材交换	· 任何类的结构层（砾石）中均使用石英（1~1.5mm） · 过滤材易变成泥状	· 使用聚丙烯等树脂过滤器 · 过滤材无再生功能
处理概要	· 过滤层在上升过程中将池水过滤，清除了SS的处理层上部的收集装置返回池中，含有机物的池子，具有生物接触氧化功能	· 过滤层在下降过程中将池水经过处理层返回池中，含有机物的池子，具有物理过滤，具有生物接触氧化功能	· 过滤层在下降过程中将池水经过滤，清除了SS的处理层下部的收集装置返回池中	· 过滤材通过滤清，池水中大于卡筒孔洞以上的SS被清除，处理水返回池中
过滤材再生方式	· 机械搅拌方式	· 水流冲洗方式	· 水流逆冲洗方式	· 对应卡筒更换
过滤材清洗工程	①停止过滤（原水）泵→ ②搅拌清洗上浮过滤材→ ③静置→ ④排水	①停止过滤（原水）泵→ ②抽出水→ ③水流逆冲洗（逆冲洗泵）	①替换阀门→ ②水流逆冲洗（原水泵）→ ③替换5向阀门	①替换卡筒或手动清洗
过滤速度	树脂：10~30m/h	5~30m/h	30m/h左右	根据卡筒数量而定（一般3~5m/h）
优点	· 在各种池塘中有实际成效 · 过滤材使用非常轻的树脂上浮过滤材，清洗排水量较少、节能式过滤 · 装置内置于过滤机中，施工及维护管理方便，少占空间	· 上水、下水及废水过滤等有大量实际成效 · 过滤速度缓慢，过滤材口径较小的性能比较高	· 在泳池中大量使用 · 运用5向阀操作，过滤与过滤清洗可使用同一个（原水）泵 · 过滤机本身较为紧凑	· 常见于泳池中 · 辅助机器为过滤（原水）泵 · 过滤机本身较为紧凑
缺点	· 过滤材为发泡树脂时，水压力为0.2MPa，水温在50℃以上不能使用 · 含矿物的池水不可使用	· 大多需要过滤材清洗用辅助机类，不适合用于池子 · 施工及维护管理项目多，运营费用高	· 过滤材清洗能力较弱，长时间使用需频繁清洗及替换过滤材，缺乏过滤稳定性 · 不能使用消毒剂 · 不能用于污浊量较大的池子	· 过滤材无再生能力，故须根据使用状况进行替换（几次/年），维护管理费高 · 污浊量较大的池子使用较困难
初期投入成本	普通	普通	普通	便宜
运营成本	便宜	普通	普通	贵

消毒、除藻装置比较表[8]

表7.9

项目		注次氯酸钠装置	紫外线消毒装置	臭氧发生装置	铜离子产生装置
对象水景类型		• 喷水池、流水池	• 观赏池、喷水池 • 流水池：不适合清除着床藻类	• 喷水池、观赏池 • 流水池：要注意注入量 • 不适合清除着床藻类	• 喷水池、流水池 • 亲水池 • 观赏池：不可
方式		• 注入药剂方式	• 紫外线灯照射方式	• 无声放电方式、电解方式	• 电解方式
特征	功能	• 消毒、除藻、氧化、脱色、除臭	• 消毒、除藻（氧化）	• 消毒、除藻、氧化、脱色、除臭	• 消毒、除藻
	残留	有持续残留	无持续残留	持续残留较短	持续残留较长
	自来水标准	游离残留氯0.1mg/L以上	无	无	1mg/L以下
	泳池标准	游离残留氯素0.4~1.0mg/L			
	人体毒性	• 大气～5mg/L	• 直接照射有害	• 大气0.1mg/L、水0.05mg/L	• 对哺乳类的毒性较小
	鱼类毒性	• 致死量0.2mg/L	• 直接照射有害	• 致死量0.005mg/L	• 致死量0.1mg/L
	生物处理结合方式	• 不可	• 可	• 可	• 不可
维护管理		定期补充药剂（1次/2周左右）	容易（1~2年更换灯管1次）	专业人员每年检查1次，更换部件	专业人员1~2年检查1次，更换部件
优点		• 设置面积、空间小 • 初期投入成本最低 • 具有残留，对池壁上的着床类有除藻效果	• 设置面积、空间小 • 初期投入成本低，对无法用氯消毒的环境有效果 • 瞬时消毒处理 • 只要不直接照射，对动物无害	• 消毒效果好 • 溶解成分也可氧化分解、净化能力强 • 可进行数次氧化分解，泳池及动植物适用 • 脱色、除臭效果好，适合补给水净化	• 设置面积、空间小 • 维护频率较低 • 有残留，对池壁的着床类有除藻效果 • 使用极微剂量但消毒能力强 • 对藻类和毒菌有较强效果
缺点		• 需定期补充药剂 • 不可用于生物观察池 • 刺激性、腐蚀性强，注意材质 • 会被风吹散，对周边边有影响	• 无残留，对池壁消毒效果好 • 为保持消毒效果，需注入少量氯，慎重使用 • 只能清除紫外线照射的水域，无除藻效果	• 初期投入及运营成本高 • 辅助机械种类多，维护繁杂 • 臭氧对人体有害 • 刺激性、腐蚀性强，注意材质的选用	• 初期成本非常高 • 不可用于生物，植物生息的池子 • 运行初期的铜离子浓度设定需要时间
初期投入成本		• 最便宜	• 贵	• 贵	• 普通
运营成本	电费	• 最便宜	• 普通	• 普通	• 便宜
	部件消耗、药剂	• 便宜	• 贵	• 普通	• 便宜
	定期检查更换费用	• 普通	• 贵	• 普通	• 便宜

　　表7.10是从不同类别水景设施的净化条件项目中，列举了明确基本条件、掌握水景设施的目的及其污染源、水景设施的特征、水质等环境条件、净化系统的构成、净化方法等的设定项目，以及包括流程图在内归纳总结了水景设施的净化设计条件。实际应用时，应确实有效地梳理好水景类别的实用性、用途、目的等条件，再做决定。

　　表7.11列举了与水景设施净化设备有关的相关法规和规格、标准等方面的参考内容，实际运用时，需获得所管辖区政府部门的认可，应接受条令、指导并事先协调有关上、下水道等事宜。

　　近几年，水环境中建造有公园、构筑物、周边室内外人工水景设施等，各种各样的水景类型层出不穷。在这些环境中，生息着军团菌属，被检测出来后，发现会产生颗粒凝结，带来社会性问题。以下就军团菌属产生的原因及其状况，概要地介绍一些相关的书籍、论文、报告书等。

　　新版《防止军团菌属方针》[13]（2000年3月）中，1994～1996年的夏季调查结果显示，79个水景设施中有17个设施，1997年10月的调查结果显示17个水景设施内4个设施检测出军团菌属，发现问题的水景设施的水温为18～31℃。1998年1月，第25届建筑环境卫生管理技术研究集会也发表了2篇相关报道。

　　文献［14］中，在2002年1月的第29届建筑环境卫生管理技术研究集会上，2000年9月调查的结果是，大阪府内38个水景设施中有8个设施发生军团菌群问题，其中，即使水温在21～31℃、游离残留氯浓度未满0.1mg/L、清扫频率每年为13次以上，也被检测出来了。

　　文献［15］中，在2001年4月～8月，43个设施中，检测出有军团菌属的有9个设施，室内水景设施的水温为19.8～29.4℃，室外水景设施的水温为11.8～33.2℃，游离残留氯浓度为0.1mg/L（未检测出来的设施为0.2mg/L以上）。这是不论有无过滤装置，即使设有循环装置，也检测出军团菌属的案例报告。另外，军团菌属与水景设施的水温关系，大多分布在水温20℃以上的设施中。

　　报告书中，还包括了财团法人高层建筑管理中心的《关于室内空气微生物污染的研究》（2001年3月）及《关于室内空气微生物防止对策的研究》2002年3月的报告，以下简要概述其内容。

　　2001年的报告书[16]中，以东京都、神奈川县、大阪府（与文献［14］相同）共计92个设施、95个案例为对象进行了实际使用状态的调查。军团菌群在95个被检测对象中检出21个（22%），室内设施中，31个被检测对象中检出6个（19%），而室外设施中，64个被检对象中检出15个（23%）。清扫频率为每年6次以上的设施中，军团菌属的数量呈现减少的倾向。在水景设施的换水频率方面，室内小规模设施以12次/年左右为宜；室外设施1～4次/年的大型设施呈现军团菌属减少的倾向。

表7.10

水景设施净化设计条件一览表

净化项目	对象水量类型			
	A: 观赏池（自然观赏池）[鲤鱼池、展示池（含水族箱）等为主]	B: 亲水池（小溪、水景、喷水、壁泉等为主）	C: 造景池（包含大型造景池在内的所有造景池为对象）	D: 雨水调节池（包含雨水集水在内的所有调节池的对象）
基本条件	·适合鱼类健康生长的环境水 ·附有生物的防水透明度要很高	·条件差人可接触水 ·在观赏池上有美丽 ·要考虑防止儿童溺水	·人能接触到河水（中调水对象） ·在造景池是内能供观赏整体景观	·防止蚊蝇滋生河水（中调水对象） ·在雨水池没有开发建设用地时也设置 ·为保证水质清澈及喷洒用水 ·包含雨水集水在内的所有调节池的所有对象
目的	·清除SS ·清除黑臭 ·清除BOD ·清除氨氮	·保证透明度（消灭水生大肠杆菌等） ·清除浮游性藻类（绿藻） ·处理着生性藻类（绿藻类）	·保证透明度 ·处理浮游性藻类（绿藻） ·清除、降解入的污物 ·降生SS的污物	·防止腐败（产生绿藻），阻止除草剂流入 ·防止藻类排泄（池塘）藻类 ·鱼类产生的污染流入，用作鸟类的饲料
污染源	·给鱼类喂食、残留饲料、排泄物	·降尘、降雨 ·游水者人带入的污物 ·鸟、狗、猫等动物产生的污物	·鱼体产生的污物 ·给周围植物等作肥料 ·周边流入 ·给鸟类喂食物等	·给周围植被施肥 ·周边流入的生活污水排水 ·排污水入中的植被灌溉用水的影响因素以及分解
特征	·因饲养鱼及水质要求较高，故须增加循环次数（转数） ·转数：8～24次/日	·清除池壁、池底附着的植物性浮游生物，黏液（生物）等 ·不可饲养动物，鱼（可比人池偏少） ·转数：4～8次/日（设有消毒池子 ·也适合大型或除藻 ·补给水较受控制空间内应小的场合 ·过滤机可兼用作池子的循环过滤，水源的补给水经净化处理后进行	·转数低，0.1～3次/日 ·不可饲养鱼类 ·池子动养鱼类 ·过滤机可兼用作池子的循环过滤，水源的补给水经净化处理后进行 ·凝结过滤	·转数降低，0.1～0.5次/日 ·池子动养鱼类 ·凝结过滤
环境条件及生物水质指标	·生物生育条件的环境标准"水产2级"程度（鲑鱼鲑类及香鱼等）程度 ·中国水质指标"β中国水性水域—进一步繁化阶段"（β中国水性水域）；SS设定在15mgL以下，pH为5.8～8.6 ·透明度0.1m为目标，色度40度以下 ·臭气不没有异臭 ·DO设定在5mgL以上，污浊度在10度以下	·基本与补给的环境标准为基准 ·防止水质变差、防止藻类繁殖 ·中国水性水域，pH为5.8～8.6，色度40度以下 ·臭气不没有异臭 ·浊度10度以下 ·污浊度在10度以下	·生物生育条件的环境标准，部分对应"水产3级"（鲤鱼、鲫鱼等） ·生物水质指标"α中调水性水域"（α过程—β中调水性水域），表示水中和水的脱沙浆水化阶段，pH为5.8～8.6 ·SS设定在10mgL以上 ·DO设定在5mgL以下 ·透明度0.1m为目标，色度2度以上	·上述水源为净化对象 ·雨水身分所含成分是SS和pH的起因，程度 ·生物水质指标（0.3m～0.5m）为目标，pH5.8～8.6 ·SS设定在10～15mgL ·色度设定在10度以下 ·DO设定在5～10mgL（BOD如果低过这次数值
代表性生化系统	·过滤处理+生物处理+pH调节	·过滤处理+消毒处理（B池的一般处理系统）混合	·凝结过滤处理（大型造景） ·补给净化+循环过滤或置换新水方式	·凝结过滤处理 ·补给净化+循环过滤或置换换新水方式
净化方法	·SS处理、相大对SS通过沉淀或除尘器事先做处理，然后通过过滤或凝结过滤 ·清除有机物、氨，通过生物处理或使用附的蜡夹物质 ·调节pH值、生物物处理经过以上处理后	·SS处理、相大对SS通过沉淀或除尘器事先做处理，然后过滤 ·清除有机物，也有相对SS通过凝结过滤器	·SS处理、相大对SS通过沉淀或除尘器事先做处理，除菌、除藻 ·清除有机物，有机物处理经过处理的残渣，微小SS通过凝结处理做成生物絮凝（BIO-）	·SS处理、相大对SS通过沉淀或除尘器事先做处理后，为提升过滤池速度降低过滤速度，微小SS通过凝结处理做成絮凝（BIO-）
基本流程图示例	池 → 过滤机 → 沉淀池 → 循环泵 → 生物、pH处理 → 池	池 → 除尘器 → 循环泵 → 消毒装置等 → 过滤机 → 池	池 → 除尘器 → 药剂注入装置 → 过滤泵 → 过滤机 → 池	池 → 除尘器 → 药剂注入装置 → 过滤泵 → 过滤机 → 池

相关法规、规格、标准分类　　　　　　　　　　表7.11

关联项目与标准分类	相关法令、规格、标准、参考资料等
饮用水的水质标准	饮用水法
	相关水质标准部令
排放水水质标准	下水道法
	下水道法实施令
排水量	下水道法实施令
排水标准、总量等	防止水质污浊法
	防止水质污浊法实施令
	防止水质污浊法实施规则
水质污浊的健康保护及保持生活环境的水质污浊相关环境标准	环境厅告示
	公害对策基本法
	环境基本法
排水标准、总量等	湖沼水质保护特别措施法
规制标准等	湖沼水质保护特别措施法实施令
污浊负荷量等	湖沼水质保护特别措施法实施规则
泳池的卫生标准	游泳池的卫生标准厚生劳动部健康局生活卫生科
保护生活环境相关环境标准	关于与环境标准相关的水域及地域的指定权限责任政策令
防火用水	关于防火用水标准消防法实施令
机器抗震标准等	建筑基准法实施令建筑设备的构造强度
机器、配套管线等	建筑基准法实施令建筑设备的构造强度
	建筑基准法实施令给排水及其他配套管线设备
清扫机处理	关于废弃物的处理及清扫的法律
	关于废弃物的处理及清扫的法律实施令
	关于废弃物的处理及清扫的法律实施规则
电气一般技术标准等（制控、动力、操作盘类）	电气事业法
	关于制定电气设备技术标准的部令
	内线规定（JEAC 8001—2000）社团法人日本电气协会
	日本工业规格（JIS）电气学会电气规格调查会标准规格（JEC）
	一般社团法人日本电机工业会规格（JEMA）
再利用水的水质标准	排水再利用、雨水利用系统规划标准、2004年版 建设大臣官房官厅营缮部门监管社团法人公共建筑协会

2002年的报告书[17]中，以大阪府内的15个设施（与文献［15］相同）（室内4个设施，室外11个设施）为对象开展了实际使用状态调查。水景设施有33.3%检测出军团菌属，其中室内设施占68.8%，室外设施占19.5%。室内设施呈现出较高的倾向，说明它是军团菌属容易增殖的环境。另外，对不同类别的水景对比后发现，喷水和落水在运行时发生微粒子凝聚现象较高。在军团菌属与水温的关系上，被检测的对象中，88.9%分布在

20℃以上的发生频率较高。在消毒及杀菌装置方面，35.1％设置了该装置，其军团菌属的阳性率上，使用铜离子杀菌的为66.7％，使用氯气杀菌剂的为12.5％，而组合使用紫外线杀菌与氯气杀菌剂的未检测出军团菌属。与残留氯浓度的关系上，4.7％被检测出来的残留氯浓度为未满0.1mg/L，而残留氯浓度0.2mg/L以上则未检测出军团菌属。在过滤装置这一项上，与有无过滤装置无关，均检测出军团菌属，说明这也是增殖原因之一，因此过滤装置的维护管理很重要。另外，该报告也包括了《水景设施预防军团菌属策略手册》。

水景设施必须以这些现状问题为基准，尽早完善防止水景设施污染的策略。

防止军团菌属污染的策略，列举以下几个项目：

- 选择不易产生污染的水景设施；
- 注意风向，选择好位置；
- 循环过滤装置与消毒装置应设置在恰当的位置上；
- 定期实施水质检测；
- 充分注意清扫，改善过滤装置、管线类的清扫清洗频率；
- 考虑循环过滤装置的运行时间；
- 注意水景用水的温度控制管理；
- 注意换水（补给水）；
- 强化维护管理对策。

从以上可知，在水景设施的军团菌属对策中，过滤装置、循环装置、氯等消毒装置引起的游离残留氯浓度的管理，控制导致军团菌属增殖的水温，更换池水，结合水景类别的设置状况采取恰当的消毒、清扫方式等，都是十分重要的。

7.4 结合维护管理开展设计

水景设施的基本原则是，必须要确认该水景设施的恰当性、安全性以及施工方法，持之以恒地实施维护管理，并把持续运行内容放在重要的位置上。

水景设施的维护管理应对应不同类别水景设施的用途、目的去开展相应的系统设计，因此，如果未能确立维护管理的业务内容以及持续执行这些业务，就无法保持水景设施的水质。

对于以设备为主的水景设施维护管理而言，应提炼出重要的项目，明确完成目标所需的维护管理项目、检查内容、频率等[18]。

对维护管理产生极大影响的一个重要项目是各种水源的种类与水源的容量。

关于性能维护，日常应做到对各项设备的整体系统、制控/阀门等不同部位的项目，以及检修的项目、内容、频率等实施恰当的管理，为保证持续可行的维护管理，制作保护/检修手册也很重要。另外，为达成水景设施的设置目的，维护管理者应以准确的判断和说明书等来保证运转、检修、更新的实施。

维护管理的业务事项列举如下:

7.4.1 运转、监视业务

运转、监视业务,指确认和掌握设置于该水景设施中的系统及各部位的机器能否正常运转,在系统模式下,功能、性能是否正常运行的业务,如果出现异常,迅速实施调整、修补、改造等对策,防止机器出现故障和损伤,并实施正确的运转维护管理作业。

运转、监视业务列举如下几个项目:

①机器类的中央监控的运转及监视;

②电气设备中各类设备仪器的运转及监视;

③给水排水卫生设备中各类机器的运转及监视;

④换气设备中各类设备机器的运转及监视;

⑤其他设备中各类设备机器的操作、运转及监视;

⑥制作各类设备机器运转情况日记。

7.4.2 日常巡检业务

日常巡检业务,指为确认设备机器是否处于正常的制动状态,而到机器类的设置场所巡回视察,以目视为主进行检查的作业。

日常巡检业务列举以下几项:

①中央监控设备的巡检;

②电气设备的巡检;

③给水排水卫生设备的巡检;

④换气设备的巡检;

⑤其他相关设备的巡检;

⑥环境卫生管理等方面的巡检;

⑦制作各设备巡检记录。

7.4.3 定期检修业务

定期检修业务,指为维护设备机器的功能、性能而进行的检测、检查、调整、整治、更换部件、补修、清扫等作业。

定期检修业务列举以下几项:

①根据控制盘类的保养规定进行定期保养;

②根据压力容器的安全规则进行性能检测、清扫及性能检查;

③执行与确保建筑物卫生环境有关的法律业务。

• 环境卫生管理技术者业务;

- 水质检查业务；

- 水槽类的清扫业务；

- 排水槽类的清扫业务。

④设备机器的定期检修、保养整治

现状中的水景设施，按照基本设计条件竣工后，往往由于管理人员、维护管理费用及水源不足等问题导致无法达成最终目的而被迫停止使用的现象屡见不鲜。

因此，理解水景设施维护管理业务的重要性，为保证实现目标逐项持续地执行维护管理，这是十分重要的。

表7.12是对应水景设施的设备部件所需的运转、监控、检修项目、作业项目及维护管理频率等方面的一览表。

针对设施最初的设计目的，如果发生不符合维护管理项目，管理内容及管理方法等重点项目需要进行改善时，水景设施的维护管理者应明确提出和改善今后水景设施恰当的维护管理方式、运用方法及运行方针。另外，正像与军团菌群有关的实际状况调查中所看到的那样，大多数的设施都会发生该类问题，因此要明确水景设施的池水的安全性、危险性及具体与水有关的各项问题，掌握不同类型水景的池水状况，谋求水质彻底净化，并把维护管理水景设施的重要性贯彻到底。从军团菌属在维护管理项目中的重要性来看，增加清扫频率、消毒过滤装置以及清洗配套管线、针对不同类型水景设置氯气消毒装置、定期检测军团菌属等都是十分重要的。

水景设施中设施部位的检修项目一览表[8]

表7.12

设备部位	项目	运转操作	监视	检修项目	作业内容	检修周期 时	日	周	个月	半年	随时	作业周期 半年	1年	2年	3年	随时	备注
中央监控设备 监视和按盘操作类		• 监视 • 运转和按控 • 小组运转操作 • 个别遥控运停 • 按计划运停和运转 • 自动控制和设定值变更 • 节能启动和运转 • 最低动运转 • 合数动控制 • 合数记录 各种指示数值	• 运转状态显示 • 警报和故障 • 制动异常 • 连续运转 • 下限数值 • 系统动运转的监视 • 各种记录	• 有无外部污损、损伤、生锈、变形 • 确认信号灯、指示灯的亮灯 • 确认开关、切换装置的正常位置 • 确认自动记录纸的功能 • 端子部位有无过热、异常 • 清扫操作盘内操作部位、变色、锁定状态 • 阻断器、电磁接触器、继电器、冷凝器等 • 有无异响、确认机器内联接控制器的工作状态 • 确认计时器的正确设定时间、工作状态有无异常 • 换气装置有无异常 • 监控制记录有无异常 • 盘内清扫范围	• 检修各种操作配线的污损、损伤、 • 连接松紧与及重新固定 • 检修电源地线状态、制动部位、操作机 • 动认及重新更新，制动部位、绝缘状态 • 清扫操作有无过热、绝缘抵抗 • 测定绝缘抵抗 • 检查异响、异常 • 检修阻断器、电磁接触器、继电器、 • 冷凝器等并确认与继电器是否正常工作状态 • 确认信号灯、指示灯的检修状态	○	○○○ ○○ ○○		○○○○ ○○○○ ○○○○	○			○○ ○○ ○○				
给排水卫生设备 水池类 原水池类 处理水池类		• 确认泵自动次互启动停止运 转状态 • 球形旋塞等的工作状态 • 确认水位测的、运转 • 自动给水回路	• 水满溢水 • 自动控制装置的工作状态 • 水位测装置的破坏状况	• 目视流入量 • 有无变形 • 确认溢形制装置及制动污物 • 有无浮游物及沉淀污物 • 防虫网设置状况是否良好 • 检修水设置状况是否良好 • 池类有无损伤及污染	• 检修自动制控装置 • 堆积物的排放、清扫、消毒 • 检查水质	○[B1]			○○○○				○[B1] ○				注1. 标准（根据用途不同） 注2. 标准（根据用途同）
过滤设备 过滤装置		• 泵的循环、逆流的切换操作	• 自动控制装置的工作状态	• 确认过滤材料 • 确认除尘器、滤网堵塞 • 确认过滤逆流压力 • 确认过滤清洗 • 确认过滤设计时的时间设定 • 目视检查循环泵	• 检修及交换过滤材料 • 检修、清扫除尘器、滤网 • 检修过滤逆流压力 • 检修过滤清洗换网 • 检修过滤设计时的时间设定 • 检修循环泵				○○ ○○				○○○○○○ ○○○○○○		○[B3]		注3. 根据必要需要翻修 清扫过滤装置：约2次/月 整体清扫：约1～2次/周
氯气消毒装置		• 泵的常用/预备切换操作 • 过滤泵和运动	• 药品量及储藏	• 有无损伤 • 接续部位有无满漏 • 药剂注入量是否得当 • 确认药剂注入泵的工作状况 • 声音是否有异常	• 检修损伤 • 检修连接部位的满漏 • 检修药剂注入泵的工作状况 • 检查有无异常音		○○		○○○○				○○○				
铜离子发生装置		• 循环泵和运动	• 分流阀的开关度	• 检测/调整电流值 • 确认过滤	• 检查、调整电流值 • 检测、交换过滤		○○		○○○				○○ ○○			○[B4]	注4. 每日
泵类		• 泵的常用/预备切换操作		• 有无损伤 • 确认工作时压力、电流值 • 有无异样声音、雾感 • 接续部位有无满漏	• 拧紧链接部位的螺栓 • 测定绝缘抵抗 • 更换结合橡胶				○○○ ○○○				○○				
配管阀门类				• 有无损伤 • 接续部位有无满漏 • 是否状态良好 • 确认阀门开关状态等 • 点检电磁开关等 • 循环部位出口 • 循环部位的吸入口	• 检修外部的腐蚀、损伤 • 清扫阀底部检修				○○○ ○○○				○○				
排水				• 有无昆虫出现状况 • 有无沉淀物及污染	• 检修底部 • 检修及清扫				○○ ○○				○○ ○○				

116

III. 案例篇

第**8**章

案例介绍

8.1 工场/制造厂与生境

8.1.1 Advantest群马R&D中心

建筑用途：	研究开发设施
所在地：	群马县邑乐郡明和町
竣工时间：	2001年4月

　　从生境作为生物的栖息地而存在的原始目的这一角度进行了充分的研讨，站在生态学基础上以营建真正意义的生境为目标而推进了设计与施工。本生境的总面积约17000m²，竣工后生境的监视活动仍在继续，到目前为止，已有很多小动物在此生息，生境正按预期目标顺利地发挥着它的作用。本案例以关爱地球环境为理念，将以下4个主题引入到生境中：①再现关东平野往昔的自然；②形成生境网格；③形成群落交错区；④营造工作人员能放松的空间。

生境构成　　　　　　　　　　　　　　　　　　　　　　表8.1

绿地面积	17000m²（100m×170m）
池塘面积	2500m²
构成要素	小溪、池塘、林地、草地
使用土壤	替换土壤
种植的树种	榉树、朴树、日本桤木、小叶青冈、青冈栎、枹栎、麻栎、鸡爪槭、细柱柳、鹅耳枥、昌化鹅耳枥、水胡桃、异叶木樨、卫矛、山樱等
生境种类	
砍伐木生境	砍伐木堆积后，虽然表面干燥，但中间是湿润的，可作为爬虫类及昆虫类等的生息场所和产卵场所
砍伐竹生境	砍伐竹的短节搁置在地表和地上。竹子内部及竹节的缝隙间生存着昆虫类
堆石生境	大小不同的石子堆积在一起。石头下及石头的缝隙间生存着昆虫类
砂砾生境	粒径较细的砂地、砂砾的表面有昆虫类生息
与水相关的设施	
水源	雨水、井水、工业用水、再生（处理）水
给水设施	有
循环装置	有
各设备的动力	电力
维护管理	除草：每年1次；清除归化植物：每年2~3次；控制高度的修剪：每年2~3次；修剪芦苇：每年1次

119

图8.1　生境全景

	春	夏	秋	冬
鸟类	燕子、大白鹭			斑鸫、三道眉草鹀
	金翅雀、白鹡鸰、日本鹡鸰、白鹭、山斑鸠、大嘴乌鸦			
	小星头啄木鸟、大苇莺		牛头伯劳、绿翅鸭、斑嘴鸭	
昆虫	碧伟蜓、中华剑角蝗、长额负蝗、斯马蜂			在砍伐木、石堆下冬眠
		黄脸油葫芦、棕污斑螳、亚洲飞蝗		
	青凤蝶、黑凤蝶、蓝辛灰蜻			
	七星瓢虫、日本蜜蜂、蜻蜓幼虫	油蝉、双叉犀金龟、水螳螂	秋赤蜻、褐翅绿蜻	七星瓢虫、黑胸螺蠃、棕污斑螳
水中生物	青鳉、黑青鳉、泥鳅、囊螺、囊螺、川蜷			
	矮龙虱、日本水龟、小椎实螺、环纹蚬			
		吻突海钩虾、蜉蝣丹妮卡、宽缝斑龙虱		

图8.2　确认已有的主要生物

鱼类的栖息场所、水鸟的休憩场所

草地性鸟及昆虫的栖息场所

小鸟、昆虫的栖息场所

水中昆虫等的栖息场所

图8.3　平面图

图8.4　砍伐木生境

图8.5　砍伐竹生境

图8.6　堆石生境

图8.7　砂砾生境

8.1.2　（株）Denso善明制作所

建筑用途：工场
所在地：爱知县西尾市
竣工时间：1998年6月

　　（株）Denso善明制作所的生境是以公司的"关爱自然、与社会共生"这一基本理念为前提，并将其作为自然环境保护中的一个环节设置于工场用地内，同时也面向地区开放。

　　该生境的规划目标是再生工场所在的爱知县西尾市平原的山村环境，因而将该生境设置于大门入口附近约3000m²的用地内。另外一个目标是，恢复曾经生息在西尾市周边平原河流及池塘中的目前数量几乎少到濒临灭绝的IA类淡水鱼——米诺鱼（鲤科淡水小鱼）的生息环境。2000年以遗传繁衍为目的，将相邻碧南市的碧南水族馆中保护、饲养、繁殖的20条米诺鱼投放到生境中，第二年又引入了不同的遗传因子个体。投放的生物个体正在顺利地世代繁衍着。

　　（株）Denson将此生境定位为环境保护活动中的一个环节，不但对其进行日常的维护管理，同时也为地区的居民及儿童们提供了一个参观考察用的环境教育场所。

图8.8　生境全景

图8.9　小溪上游

图8.10　小溪下游

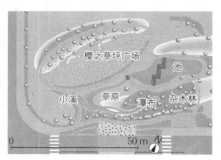

图8.11　平面图

图8.12　投放的米诺鱼（鲤科淡水小鱼）

生境的构成		表8.2
绿地面积	3000m²	
池塘面积	200m²	
构成要素	小溪、池塘、树林、草地	
生物		
目标生物	米诺鱼、黑青鳉鱼	
确认已有的主要生物	黑凤蝶、蓝灰蝶、蛇眼蝶、美凤蝶、巨圆臂大蜓、碧伟蜓、大团扇春蜓、异色灰鼎脉蜻蜓、黑翅蜻蜓、黑色螅、日本突负蝽、中华大印椿、水螳螂、斑嘴鸭、普通翠鸟、赤腹山雀、三道眉草鹀、远东山雀、白鹡鸰	
与水相关的设备		
水源	工场排水处理水、工业用水	
循环装置	有	
净化装置	无	
动力源	商用电源	
维护管理	对低茎草本用地、高茎草本用地、树林内草丛、园路、小溪、池塘等进行区域划分，主要进行定期修剪及清除生长旺盛的外来物种杂草	

参考文献

介绍Denso设备株式会社善明生境

http://www.densofacilities.co.jp/wp-content/uploads/2010/03/csr.pdf (2012年5月25日阅览)

8.1.3　（株）大和"大和生境园"

建筑用途：办公楼
所在地：群马县前桥市
竣工时间：2001年3月

　　大和生境园是为试图营建一个接近自然生态系统的环境而开设的。设计意向以偏僻山村为理念，但由于该用地位于工业划分区域，且规模较小，因此生态系统受到了一定的限制。大和生境园是为人近距离欣赏四季的风景和景观而设置的环境。

　　几乎没有外来物种的入侵，即使有，大多也无法定居下来。但是，清除苇/葎草/稻科植物等较强的物种比较费力。在动物方面，最初使用了生境下游的水渠用水，结果导致大量美国小龙虾泛滥，而为了清除这些花费了大量的时间和劳力。

　　大和生境园以地下水为水源，为了让生物能在这种地下水中生息而独自开发使用了过滤装置。这种装置，使过滤的水达到了人也可饮用的净化标准，在受灾时也能被利用起来。

图8.13　生境全景（2011年12月）

图8.14　生境全景（2002年7月）

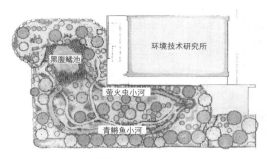

图8.15　平面图

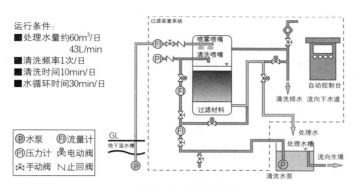

运行条件：
■ 处理水量约60m³/日
　　43L/min
■ 清洗频率1次/日
■ 清洗时间10min/日
■ 水循环时间30min/日

Ⓟ水泵　Ⓕ流量计
Ⓟ压力计　电动阀
手动阀　N止回阀

GL
地下温水槽

喷雾喷嘴
清洗喷嘴
过滤材料

过滤装置系统

自动控制台
清洗排水　流向下水道

处理水
处理水槽
流向生境

清洗水泵

图8.16　铁/锰过滤装置

生境构成　　　　　　　　　　　　　　　　　　　表8.3

绿地面积	660m²
池塘面积	38m²
构成要素	小溪（2条）、池塘、林地、草地
使用土壤	原有土壤中掺入替换土壤
确认已有主要植物	稻、大叶拟宝珠、野慈姑、万年青、水芥菜、宽叶香蒲、龙芽草、合萌、桃叶珊瑚、溲疏、小叶冬青、安息香、皋月杜鹃、槭树、柿树、荚迷等
确认已有主要生物	
昆虫、水生生物	大红蛱蝶、秋赤蜻、前齿肖蛸、克华原螯虾、大電椿、直蚊稻弄蝶等
淡水鱼	珠星三块鱼、高体鳑鲏、白青鳉鱼、兰氏鲫、青鳉鱼、沙栖新对虾、吻鰕虎鱼、泥鳅、日本草虾等
野鸟	日本树莺、斑嘴鸭、金翅雀、山斑鸠、鹭、远东山雀、麻雀、日本鹡鸰
与水相关的设备	
水源	井水
给水设施	有大约100m³/日的给水量
循环装置	有大约720m³/日的循环量
净化装置	有（铁、锰过滤装置）

参考文献

株式会社大和生境执行委员会：ヤマトビオトープ园概要手册，2011年11月

株式会社大和生境：ヤマトビオトープ园宣传手册，Vol.6

建筑用途：办公楼、店铺、宾馆等
所在地：大阪府大阪市北区
竣工时间：2006年7月再改造

积水房屋株式会社以"3棵树为鸟，2棵树为蝴蝶，与地区相协调的日本本土物种"为理念，推行了"5棵树"计划。新·里山是以日本原生态风景中的偏僻山村景色为范本而营造的城市型山村，种植了与该地气候风土相适宜的原生种和本土种。将之前在1993年设置的"花野"庭院进行了再改造，树种的种植以生态为基础。此外，还将已废弃的学校蝴蝶园里的植物移植到了该用地内的部分区域中。

新·里山的管理，除固定的工作人员外，在新梅田城工作的人及家属组成了义工组织，并以此为中心组建了机构。

图8.17 从山村的梯田到山村深处，遥望小小守镇之林

图8.18 山村内陆区域中的池塘

图8.19 从梅田高层建筑屋顶俯瞰

图8.20 梅田高层建筑

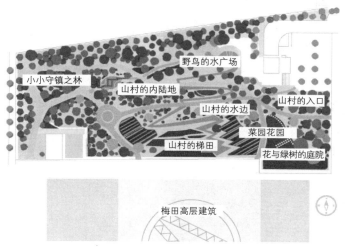

图8.21　总平面图

图中标注：
野鸟的水广场
小小守镇之林
山村的内陆地
山村的水边
山村的入口
菜园花园
山村的梯田
花与绿树的庭院
梅田高层建筑

生境构成	表8.4
绿地面积	约8000m²
水田面积	约200m²
菜田面积	约300m²（原有土壤+树叶堆肥）
蝴蝶园	约460m²

"新·里山"中种植的树木划分与棵树　表8.5

划分	大乔木		中乔木			合计
	原有	新种	移植	原有	新种	
本土	98	165	0	29	155	447
外来/园艺	82	0	2	10	3	97
合计	180	165	2	39	158	
总计	345		199			544

注：原有："新·里山"施工开始之前种植的植物；
新栽："新·里山"施工时种植的植物；
移植："新·里山"施工时移植到场地内的植物；
外来：指外国产树种。

鸟类及昆虫类的调查结果　表8.6

目名	科名	种名	新·里山		
			冬季	春季	夏季
鸠鸽目	鸠鸽科	山斑鸠	△	△	
		野鸽	○	△	◎
雀形目	雀科	家燕		◎	△
	鹡鸰科	白鹡鸰	○	○	
	鹎科	栗耳短脚鹎	◎	△	△
	伯劳科	牛头伯劳	◎	△	
	鸫科	红尾水鸲	◎		
		虎斑地鸫		○	
		斑鸫	*	◎	
	莺科	日本树莺	△	◎	
		极北柳莺		*	
	鹟科	黄眉姬鹟		△	
		白腹蓝鹟		○	
	山雀科	远东山雀		◎	
	绣眼鸟科	暗绿绣眼鸟	○		
	鸦科	灰头鸦		◎	
	燕雀科	金翅雀			○
	麻雀科	麻雀	◎	◎	△
	椋鸟科	灰椋鸟		△	△
	鸦科	丛林鸦	△	△	△
2	15	20	11	17	6

注：△：1次记录；○：2次记录；◎：3次记录。
*：调查前后的记录种名以及科名源自"日本鸟类目录第六次修订版"（2000年）。

目名	科名	种名	新·里山	
			春季	夏季
蜻蜓目	蟌科	东亚异痣蟌		△
	蜻蜓科	白刃蜻蜓		◎
		后黑角柱灰蜻		△
		薄翅蜻蜓		△
螳螂目	螳螂科	南方刀郎		△
直翅目	蛉蟋科	针蟋		○
	剑角蝗科	中华剑角蝗		○
半翅目	蝉科	熊蝉		◎
		油蝉		○
	龟蝽科	日本水龟		○
膜翅目	蜜蜂科	木蜂	△	
鳞翅目	弄蝶科	稻弄蝶		△
	凤蝶科	青凤蝶		◎
		金凤蝶		○
		柑橘凤蝶	△	◎
	粉蝶科	菜粉蝶	○	◎
	灰蝶科	酢浆灰蝶		△
6	12	17	3	16

注：△：1次记录；○：2次记录；◎：3次记录。
*：调查前后记录种名以及科名源自"日本产野生生物目录无脊椎动物篇Ⅱ"（1995年）。

参考文献

积水house株式会社提供资料

建筑用途：综合商业设施
所在地：大阪府大阪市浪速区
竣工时间：2007年4月第2期开放

　　同时拥有环境共生空间和开放空间的构想结果就是在大阪难波营建难波公园。公园式花园呈阶梯状，从下面可一览整个花园。花园内的植物映衬出四季的容颜，让来访者赏心悦目。园内有细窄的园路，考虑到使用者的安全性和生态系统，对植物采取的是无农药管理方式。

图8.22　公园主入口

图8.23　从屋顶观景观

图8.24　屋顶菜园

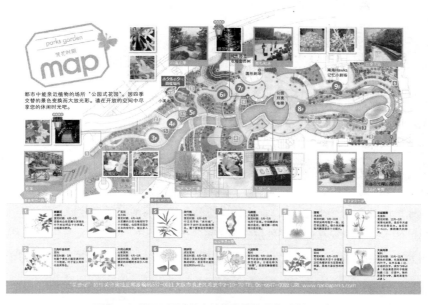

图8.25　总平面图（给来访者发放的赏花时期地图）

生境构成　　　　　　　　　　　　　　　　　　　　　　　　表8.7

绿地面积	约53000m²
园路、广场	约62000m²
使用土壤	人工轻质土壤（比重约0.8）
确认已有主要植物	
常绿树	日本金松、常青白蜡、欧洲云杉、舟山新木姜子、小叶青冈、杨梅、橄榄、多花红千层等
落叶树	四照花、山樱、日本辛夷、大花山茱萸、安息香、鸡爪槭、紫薇、木兰等
草花	迷迭香、薰衣草、百里香、马鞭草、偃柏、百子莲、玉簪、萱草等
与水有关的设备	
水源	自来水、中水（厨房排水净化后再利用）、雨水

参考文献

难波公园：公园式花园"赏花时期map"

8.3 住宅开发与生境

8.3.1 Sun Court砂田桥

建筑用途：住宅
所在地：爱知县名古屋市东区
竣工时间：2003年12月

Sun Court砂田桥，是以"与自然共生，融和当地环境的个性以及健康、安全、舒适的居住"为理念规划设计的环境共生型租赁住宅。

该用地的环境条件是：北侧是许多野生鸟类停留的矢田河河岸，与此紧挨的大幸绿道与住宅用地相连；南侧是宽阔的草地，一直延伸到锅屋上野净水场；再向南则是茶屋之坡、日泰寺等丘陵地区。

该地域的地名为"半之木"，据说，以前沿着矢田河的湿地带曾经是日本桤木林。另外，邻近的寺庙林中现存枹栎、栓皮栎、樟树等大乔木。

作为这一绿化网格中的一部分，在该住宅用地与大幸绿道相连接的部位设置了生境。

图8.26　生境全景

图8.27　生境池与住宅楼

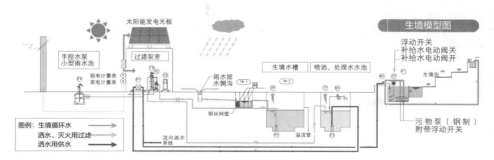

图8.28　水循环系统图

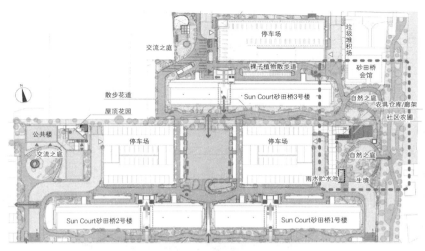

图8.29　用地总平面图

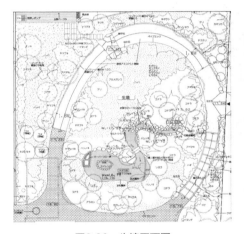

图8.30　生境平面图

生境中种植的植物　　　表8.8

大中乔木	野桐、栓皮栎、大柄冬青、青冈栎、昌化鹅耳枥、矮小天仙果、梅（移植树）、朴树（保留树）、柿树、树参、平滑毛叶石楠、木瓜海棠、栗子树、枹栎、倒果木半夏、星花木兰、具柄冬青、日本桤木、南烛、金森女贞、糙叶树、毛竹、山茶花、四照花
小乔木、灌木	木通、杞柳、菝葜、胡椒木、胡枝子、柃木、贴梗海棠、日本紫珠、紫金牛、山杜鹃、棣棠
草本植物等	菖蒲、宽叶香蒲、细辛、玉簪、维氏小熊竹、睡莲、宝珠草、结缕草、石蒜

生境的构成　　　表8.9

绿地面积	500m²
池塘面积	30m²
构成要素	小溪、池塘、树林、草地
建筑概要	
建筑地址	名古屋市东区砂田桥1丁目
用地面积	20677m²
户数	租赁住宅240户（1期） 117户（2期）
竣工	1期：2003年3月 2期：2006年3月 生境于2003年12月完成
开发商	爱知县住宅供给公社 2002年、2005年被认定为环境共生住宅小区

8.3.2　Green Plaza云雀之丘南

建筑用途：共同住宅
所在地：东京都西东京市
竣工时间：2001年8月

设计的宗旨是与周边环境、景观以及生态系统关联整合，为确保武藏野的地域特性，扩大杂木林、水岸及空地，将其建设成一个新的植被据点。

屋顶生境、小溪中搭配栽植了一些树木花草、水生植物等，恢复了一个小型生态系统，身边便可体验到自然的孕育生长，形成了一个舒适的居住空间。

屋顶生境的水源，是利用太阳能发电的电力将地下存储槽中收集的雨水抽取后循环使用。

图8.31　屋顶生境（2002年8月）

生境构成

表8.10

绿地面积	150m²
池塘面积	4m²
构成要素	小溪、池塘、树林、草地
使用土壤	替换土壤
种植树种	河柳、构树、鸡桑、南天竹、麻叶绣线菊、胡枝子、夏橙、鸡爪槭、西南卫矛、木半夏、森屿杜鹃、大花六道木、宽叶香蒲
生物	以武藏野的杂木林、草地、水边生息的生物及从周边绿地引入的野生生物为目的
确认已有生物	斑嘴鸭、白鹡鸰、日本蚬、异色灰鼎脉蜻蜓
与水有关的设施	
水源	雨水
净化设备	无
各设备的动力源	太阳能发电的电力能源
维护管理	
草地修剪	每年2次
拔草	每年2次

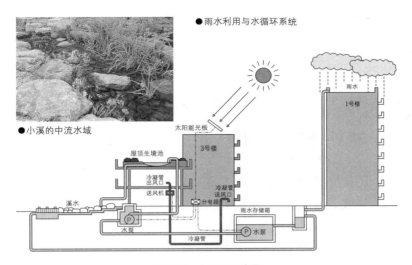

●雨水利用与水循环系统

●小溪的中流水域

太阳能光板

屋顶生境池
冷凝管
出风口
送风机
溪水
分电箱
水泵
冷凝管
3号楼
冷凝管
送风口
雨水存储箱
水泵

雨水
1号楼

图8.32　水循环系统图

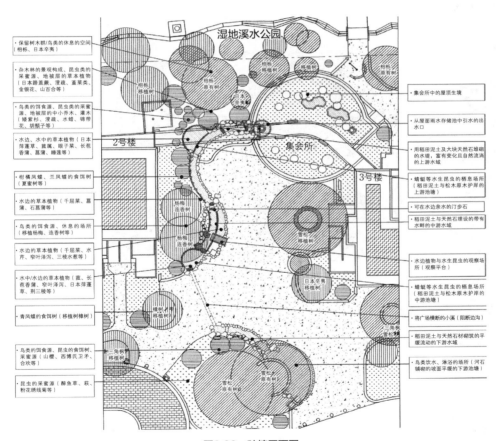

湿地溪水公园

- 保留树木群/鸟类的休息的空间（栎树、日本辛夷）
- 杂木林的景观构成、昆虫类的采蜜源、地被层的草本植物（日本蹄盖蕨、溲疏、董菜类、金银花、山百合等）
- 鸟类的饵食源、昆虫类的采蜜源、地被层的中小乔木、灌木（矮紫杉、溲疏、水蜡、锦带花、胡颓子等）
- 水边、水中的草本植物（日本萍蓬草、菰属、眼子菜、长苞香蒲、菖蒲、睡莲等）
- 柑橘凤蝶、兰凤蝶的食饵树（夏蜜树等）
- 水边的草本植物（千屈菜、菖蒲、石菖蒲等）
- 鸟类的饵食源、休息的场所（移植杨梅、连香树等）
- 水边的草本植物（千屈菜、水芹、窄叶泽泻、三棱水葱等）
- 水中/水边的草本植物（菰、长苞香蒲、窄叶泽泻、日本萍蓬草、荆三棱等）
- 青凤蝶的食饵树（移植树樟树）
- 鸟类的饵食源、昆虫的食饵树、采蜜源（山楂、西博氏卫矛、合欢等）
- 昆虫的采蜜源（醉鱼草、萩、粉花绣线菊等）

2号楼
栎树移植树
栎树原有树
栎树移植树
栎树原有树
栎树移植树
日本辛夷
集会所
杨梅连香树
杨梅连香树
雪松移植树
日本辛夷移植树
樟树移植树
雪松原有树
三角枫移植树
三角枫移植树
雪松移植树
雪松原有树
雪松原有树
3号楼

- 集会所中的屋顶生境
- 从屋面雨水存储池中引水的出水口
- 用稻田泥土及大块天然石堆砌的水堰，富有变化且自然流涡的上游水域
- 蜻蜓等水生昆虫的栖息场所（稻田泥土与松木原木护岸的上游池塘）
- 可在水边亲水的汀步石
- 稻田泥土与天然石埋设的带有水畔的中游水域
- 水边植物与水生昆虫的观察场所（观察平台）
- 蜻蜓等水生昆虫的栖息场所（稻田泥土与松木原木护岸的中游池塘）
- 将广场横断的小溪（阻断边沟）
- 稻田泥土与天然石材砌筑的平缓流动的下游水域
- 鸟类饮水、淋浴的场所（河石铺砌的坡面平缓的下游池塘）

图8.33　种植平面图

参考文献

UR城市机构：Green Plaza丘南宣传册

8.3.3　Cent Varie樱堤

建筑用途：共同住宅
所在地：东京都武藏野市
竣工时间：1999年10月

"武藏野市绿化基本规划～武藏再更新"中，把整治仙川的水边环境作为重点工程，以环境评估意见为依据，同时在建设更新规划设计中，将其设计成水边环境的据点。

考虑的主要内容有如下两点：

· 在水边、草原、树林中营造一个鸟类以及只有在玉川上水、千川上水中才能看到的水生生物/昆虫生息的环境；

· 以再现地域原始风景中的洼地、草原、杂木林为宗旨。

该设计的主要优势在于，给居住者提供一个能与生物接触，并通过生物感知到季节感的空间。另外，通过观察活动和管理，将该地变成一个居住者之间相互交流的场所，提高了居民对小区内绿化的关心度。

图8.34　生境（2002年8月）

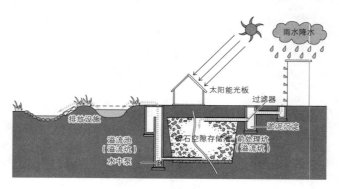

图8.35　水循环系统图

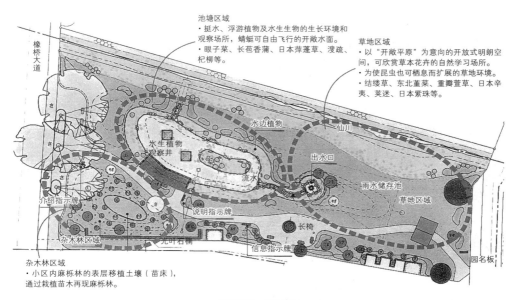

池塘区域
· 挺水、浮游植物及水生生物的生长环境和观察场所，蜻蜓可自由飞行的开敞水面。
· 眼子菜、长苞香蒲、日本萍蓬草、溲疏、杞柳等。

草地区域
· 以"开敞平原"为意向的开放式明朗空间，可欣赏草本花卉的自然学习场所。
· 为使昆虫也可栖息而扩展的草地环境。
· 结缕草、东北堇菜、重瓣萱草、日本辛夷、荚迷、日本紫珠等。

杂木林区域
· 小区内麻栎林的表层移植土壤（苗床），通过栽植苗木再现麻栎林。

图8.36　平面图

生境构成　　　　　　　　　　　　　　　　　　表8.11

绿地面积	2000m²
池塘面积	200m²
构成要素	小溪、池塘、草地
使用土壤	原有土壤
栽植树种	小叶青冈、山樱、溲疏、柃木、杞柳、马醉木、小叶冬青、香蒲、荚迷、二色胡枝子、水毛花、皱果薹草、菰、千屈菜、日本萍蓬草等
生物	
目标生物	蓝辛灰蜻/蜉蝣类/斑嘴鸭/白鹭/白鹡鸰/青鳉等
确认已有主要生物	碧伟蜓、大蓝辛灰蜻、螳螂、秋赤蜻、蝉、黄脸油葫芦、长额负蝗、青鳉、雨蛙、白鹭、斑嘴鸭、普通翠鸟、小星头啄木鸟、远东山雀、家蝠
与水相关的设施	
水源	雨水
给水设施	有
粗略供水量	6m³/日存储池水位下降及阴天时停止
循环装置	无
净化设备	无
各设备的动力源	太阳能发电
与临近居民的关系	以小区居住者、邻近居民为对象，开展夏日以水边的昆虫为主的"生物观察活动"和冬日"野鸟观察活动"

参考文献

UR城市机构：Cent Varie樱堤宣传册

UR城市机构：保护环境方针"Cent Varie樱堤"

http://www.ur-net.go.jp/kankyou/sakurazutsumi.html（2012年5月4日阅览）

建筑用途：住宅
所在地：埼玉县埼玉市见沼区
竣工时间：2001年12月

在城市租赁型住宅Urbain未来东大宫中营建的环境共生型戏水区域，具备在洪水时期为紧邻的深作河起到调节池的功能，同时还能确保生物的生息环境。

另外，为了让当地居民能进行自然观察，将其中一部分建成了亲水公园。

图8.37　A调节池与水中小岛（2000年5月时）

图8.38　平台（2000年5月时）

图8.39　远景（2012年4月）

图8.40　野鸟观察平台（2012年4月）

图8.41　多功能戏水区域远景（2000年5月）

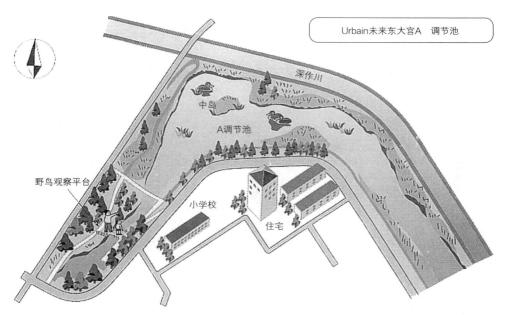

图8.42　A调节池总平面图

生境构成		表8.12
绿地面积	AB调节池合计316000m²	
构成要素	池塘、草地	
树种构成	结缕草、芦苇、菰、日本桤木、麻栎、安息香、山茱萸、栗子树、昌化鹅耳枥等	
与水相关的设施		
水源	河水，利用河流自然涨潮的水	

参考文献

UR城市机构：Urban未来东大宫宣传册

8.3.5　Urban Bio川崎

建筑用途：共同住宅
所在地：神奈川县川崎市幸区
竣工时间：2003年2月

　　Urban Bio川崎的园林设计，创造出了一个舒适的环境和新颖的城市风景，利用人工地形及住宅屋顶等建筑空间，实现了城市再生事业中所追求的环保创新式绿化方式。以50年前川崎农宅的庭院概念作为环境目标，通过营造居住者与植被亲密接触及赏玩的绿化风景来推进园林空间设计。收集住宅以及集会场所的雨水建成水塘，这里成为屋顶生境的标志性设施，同时也具有给鸟和昆虫饮水的功能。另外，除了屋顶绿化外，还实施了墙体绿化，使地面与建筑在绿化上融为一体。

图8.43　1号楼屋顶生境（2011年10月拍摄）

图8.44　停车场屋顶生境（2011年10月拍摄）

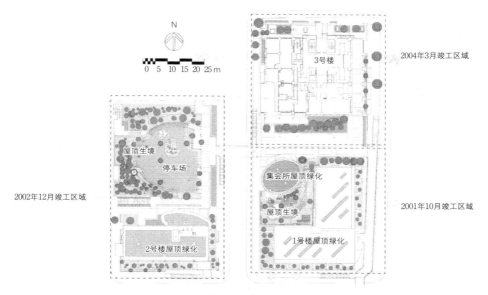

图8.45 总平面图

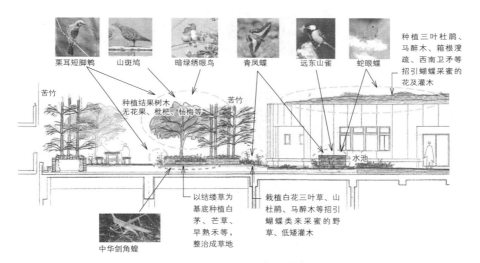

图8.46 1号楼屋顶生境剖面图

生境的构成 表8.13

总面积	约8900m²
绿化面积	约3115m²
使用土壤	人工轻质土壤、黑土改良土壤
主要植物	桃叶珊瑚、绣球花、马醉木、大花六道木、无花果、岩南天竹、日本鸢藤、溲疏、杨梅、栀子、大叶钓樟、卫矛、红淡比、日本荞草、枇杷、木芙蓉、三叶杜鹃、厚皮香、山杜鹃、鸡爪槭、棣棠、连翘等
确认已有主要生物	秋赤蜻、布氏蝈螽、柑橘凤蝶、褐带赤蜻、大螳螂、棕污斑螳、黄星天牛、酢浆灰蝶等

参考文献

UR城市机构：Urban Bio川崎宣传册

Lebensgarten山崎作为综合性街区建设事业的一部分，是从1999年开始动工的园林工程。住宅、农业用地、树林混杂在一起，优良的自然环境与居住空间相融合，展现了人与生物共存的环境共生型住宅设计。

设计目标是还原用地内的自然环境，恢复与周边的自然融为一体的生态系统。利用雨水和井水的池塘，招唤周边地区的鸟及昆虫的树种选择等，营建了一个适合生物生息的环境。

环保园面向小区的集会会所而设置，营建了一个在生活中就能与动植物接触、感受季节变化和丰富大自然的交流场所。

图8.47　环保园

图8.48　社区农圃

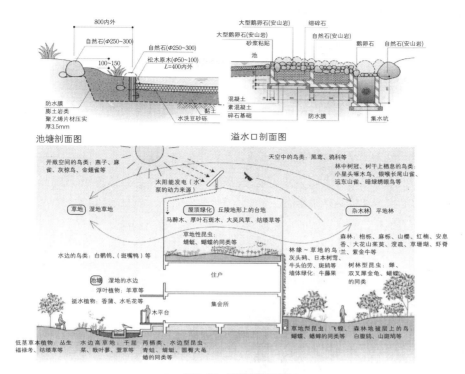

图8.49 环保园剖面图

生境的构成 表8.14

总面积	32600m²
住宅用地	23600m²
绿地面积	地面部分：9401m²，屋顶绿地：561m²
使用土壤	人工轻质土壤，黑土改良土

社区农圃主要构成 表8.15

面积	约750m²
小溪、池塘	面积90m²，水量15m³
与水相关的设施	
水深	小溪5cm，池塘部分平均20cm
水源	雨水、井水并用（溢流排放式）
电源	太阳能、商用电源并用
雨水存储量	碎石存储15m³

参考文献

UR城市机构：Lebens Garten山崎宣传册

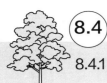

是在城市型住宅用地内为营建生境而进行绿化技术及管理手法的实验研究的设施。规模虽然极小，但也将其设定为邻近住宅用地的自然空间中的生境环境，并辅助以环境监视活动，从设计、施工到维护管理等各方面进行了各项实验。

设计意图的主要事项如下：

· 辅助生态网络（特别是蜻蜓类、鸟类等飞翔性动物）；

· 再现周边地区富有代表性的自然偏僻山村空间（小规模的湿地空间）；

· 形成人与自然互动的空间。

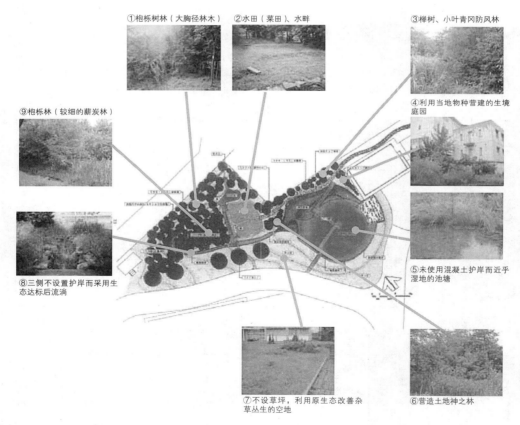

①枹栎树林（大胸径林木） ②水田（菜田）、水畔 ③榉树、小叶青冈防风林

④利用当地物种营建的生境庭园

⑨枹栎林（较细的薪炭林）

⑤未使用混凝土护岸而近乎湿地的池塘

⑧三侧不设置护岸而采用生态达标后流淌

⑦不设草坪，利用原生态改善杂草丛生的空地

⑥营造土地神之林

图8.50 生境平面图

图8.51　环境共生小院全景（2002年9月）

图8.52　生境（2002年9月）

生境构成　　　　　　　　　　　　　　　　　表8.16

绿地面积	约1500m²
池塘面积	约280m²
构成要素	小溪、池塘、林地、草地
使用土壤	原有土壤，移植土壤
种植树种	枹栎、麻栎、鹅耳枥、榉树、朴树、山樱、日本厚朴、桃叶珊瑚、山杜鹃、大叶钓樟、莢迷、日本紫珠、栗子树、板椎、日本柳杉、青冈栎等
生物	
目标生物	从当时在小宫公园和黑川绿地中生息的具有代表性的种群和在设计用地周边栖息的极为普通的种群中，挑选出已经可以生息的目标生物
鸟类	远东山雀、栗耳短脚鹎、暗绿绣眼鸟、小星头啄木鸟、牛头伯劳、银喉长尾山雀、三道眉草鹀、山斑鸠、金翅雀、麻雀、灰椋鸟、白鹭、斑嘴鸭、日本鹡鸰等
昆虫类	日本斜纹脉蛱蝶
与水相关的设施	
水源	雨水
循环装置	运转中
净化设备	运转中 NK式水质净化系统
各设备的动力源	
循环	商业电力
净化	不使用动力的系统
维护管理	
林地管理	清除女贞等 到第二年为止利用割草机进行修剪
草地管理	清除大型归化杂草后，利用割草机修剪 刻意留出割草高度，以确保草地型昆虫类的隐蔽空间
水边管理	清除大型归化杂草、攀缘性植物
管理频率	竣工后第一年每年4次 第二年以后每年2次

参考文献

UR城市机构：环境共生实验小院　生境

http://www.ur-net.go.jp/rd/consci/ (2012年5月4日阅览)

8.4.2　埼玉县环境科学国际中心"生态园"

建筑用途：教育、研究设施
所在地：埼玉县加须市
竣工时间：2000年4月

　　埼玉县环境科学国际中心开展的试验研究，是为了支持省民解决环境问题，同时也解决埼玉县所面临的环境问题，它在环境领域的多个方面做出了国际性贡献。另外，设施内设置了体验型的展示空间，以便能轻松愉快地学习环境问题方面的知识。此外，还提供了相应的场地，用于开展讲座、研修以及环境教育活动，以便能更深层次地理解环境问题。

　　为保证生态园能具备生物生息的良好环境条件，设计范本选用了县东部地区的偏僻山村。整个场地不是采用自然随意搁置的方法，而是多多少少通过人工手段营造了一个多种多样的动植物生息繁衍的空间。从研究人与自然共存方式来看，生态园将会成为今后创造环境空间的范例之一。

图8.53　生态园（2011年11月）

图8.54　生态园（2002年8月）

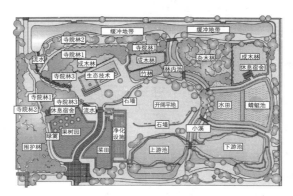

图8.55 生态园平面图

图8.56 研究中心总体效果图

生境的构成	表8.17
绿地面积	22000m²
池塘面积	9637m²
构成要素	小溪、池塘、林地、草地、菜田、农田、观察小屋
种植树种	桃叶珊瑚、昌化鹅耳枥、鸡爪槭、安息香、紫叶李、朴树、柿树、荚迷、樟树、麻栎、榉树、枹栎、日本辛夷、红淡比、日本珊瑚树、小叶青冈、舟山新木姜子、板椎、茶树、女桢、日本桤木、西南卫矛、朱砂根、山茱萸、糙叶树、日本紫珠、全缘冬青、山茶花等
已确认主要生物	黑翅蜻蜓、锯锹形虫、双叉犀金龟（独角仙）、日本紫灰蝶、彩艳吉丁虫、黄尖襟粉蝶、云雀、银灰蝶、灰斑鸠、细带闪蛱蝶、锡嘴雀、普通翠鸟、斑嘴鸭、黑水鸡、山斑鸠、北红尾鸲等
与水相关的设施	
水源	雨水
循环装置	运转中
净化设备	运转中 通过生态园内的实验水渠净化 利用水泵循环

参考文献

埃玉县环境科学国际中心：埃玉县环境科学国际中心宣传册

http://www.pref.saitama.lg.jp/uploaded/attachment/429556.pdf（2012年5月4日阅览）

8.5 展览、环境教育设施与生境

8.5.1 东京燃气（株）环境能源馆"屋顶生境"

建筑用途：环境教育设施
所在地：神奈川县横滨市鹤见区
竣工时间：1998年11月

　　环境能源馆是为了帮助孩子们愉快地学习能源及环境知识，并正确地掌握和运用这些知识而设立的。建造于屋顶上的生境在自由观察、体验并愉快地感受和思考地球环境等方面下了很多功夫。

　　环境能源馆的优势在于，在这里可以完成两个相互对立的事情，即在城市中观察自然，进行环境学习。这里生息着一些特定的生物，为了管理好众多生物生息的生态系统，尽可能地控制排除外来物种。

图8.57　屋顶生境

图8.58　从建筑外围看屋顶生境

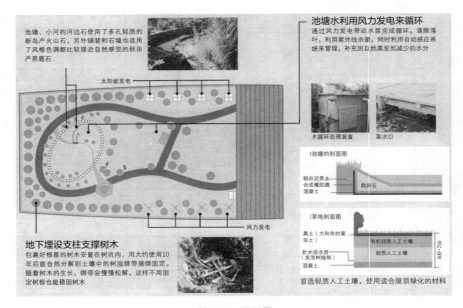

图8.59　平面图

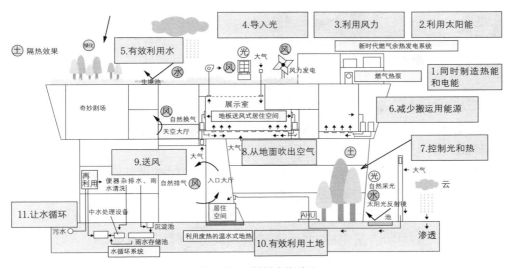

图8.60 环境技术的引用

生境构成	表8.18
绿地面积	约1300m²
池塘面积	13m²
地表以上高度	22.8m
构成要素	小溪、池塘、林地、草地
使用土壤	有机轻质人工土壤、黑土
动植物	
确认已有主要植物	安息香、枹栎、木通、草珊瑚、细柱柳、淫羊藿、野豌豆、蚱脊兰、荇菜、紫斑风铃草、鸭跖草、网纹马勃
确认已有主要生物	黑纹伟蜓、大蓝辛灰蜻、柑橘凤蝶、红蜻、青纹细螅、酢浆灰蝶、栗耳短脚鹎、拒斧螳螂、中华剑角蝗、异色瓢虫、青鳉、小青铜金龟、油蝉、拟环纹豹蛛、山赤蛙
与水相关的设施	
水源	自来水
循环装置	运转中22m³/天
净化设备	运转中（生物过滤UV杀菌）
各设备的动力源	风力发电、燃料电池，电量不足部分购买

参考文献

环境能源馆：环境能源馆宣传册

建筑用途：地区交流设施
所在地：兵库县神户市滩区
竣工时间：2004年4月

"滩浜Science scare"是以"制铁"、"发电"、"能源"、"环境"为理念，在游玩中培养学习科学技术的兴趣并解决疑惑的体验型学习设施。这是（株）神户制钢所建设的地区交流设施，于2004年4月开馆。

生境是作为环境的绿地而设置的，其目标是恢复由六甲山系流向大阪湾河下游区域的低洼地环境。生境主要由小溪、池塘、草地构成，与建筑及其他构筑物的设计相呼应，运用了直线与自然曲线协调搭配的设计。

在这里，由森林讲解员定期举办活动，当地居民及孩子们可以观察生境，同时能体验到包括六甲山在内的周围自然环境。另外，这也是（株）神户制钢所作为环境保护活动的一项举措。

植物以红楠、椰榆、大岛樱等适合海岸环境的当地树种为主。生境的湿性、水生植物，最初栽植了芦苇、长苞香蒲、水毛花、日本萍蓬草、野慈姑、丘角菱等。之后还有南方狸藻（环境部准濒危物种）、日本黑三棱（兵库县红皮书C列）。这些植物按适宜的密度进行管理维护。沿海一侧设置海岸性植物保护区，引进了神户市内的肾叶打碗花、珊瑚菜

图8.61 生境全景

以及姬路市内的日本野生菊（兵库县花、县红皮书C列）。

　　动物从最初设置至第二年引入了黑青鳉、泥鳅、麦穗鱼、条纹长臂虾、锯齿新米虾、田螺、放逸短沟蜷、环纹蚬、西日本蟾蜍、黑斑蛙、日本林蛙等在神户市内可采集到的品种。另外，在邻近的芦屋市内，为保护濒危的物种锦波鱼而特意建造了池塘，为了分散保护，从该池塘中取出100条放入了本设计环境中。这些生物现在已确认正按预期目标顺利地世代繁衍着。

　　"自然教室"在当地NPO法人的通力协助下，已经开展了20次左右的活动。从当地的小学生、幼儿园的儿童到高龄人士，参加活动的对象年龄范围很广。活动内容包括了六甲山系在内的地区整体自然环境的讲演、四季交替的生境观察以及水生生物调查、土壤生物观察、自然材料手工艺品、自然游戏等。

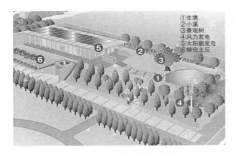

图8.62　用地总平面图

图8.63　小溪

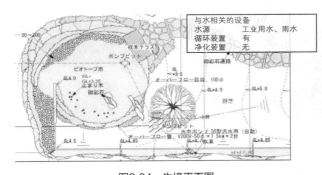

图8.64　生境平面图

生境的构成　　表8.19

绿地面积	5251m²
池塘面积	280m²
构成要素	小溪、池塘、草地、树林
建筑概要	
建筑地址	神户市滩区滩浜东町2番地
用地面积	8674m²
竣工	2004年4月
业主	（株）神户制钢所

参考文献

（株）神户制钢所滩浜Science scare主页

http://www.kobelco.co.jp/nadahama/science/（2012年5月25日阅览）

8.6 学校生境

8.6.1 千叶县印西市立小仓台小学校

建筑用途：学校
所在地：千叶县印西市
竣工时间：1997年5月

小仓台小学校所在的千叶新城，1971年开始开发，1991年开通了直通东京都城中心的铁路后，人口开始急剧增加。小仓台小学校的所在地，也从那时开始，建起了全是小高层和超高层的公寓。当初设置生境的小学校学生数约1000人。

位于千叶新城的北总地区，是台地和低洼地混合的地形，其边界部位被称为谷户（湿地），坡面由杂木林、泉水、湿地等构成，形成了多样复杂的环境。小仓台小学校的生境是以这种环境的再生为目标设置的。在规划设计施工阶段就让学生们参与进来，之后通过各个学年的课程设置、课外活动开展着维护和应用。

图8.65　生境

图8.66　水田与小溪

图8.67　上游水池

150

图8.68　生境正立面

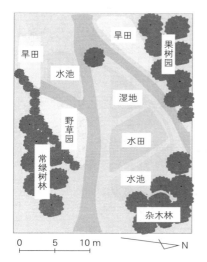

图8.69　生境平面图

生物种群调查结果（种群数）　表8.20

		1996年	1997年
动物	引入种	15	—
	确认种	13	44
植物	种植树种	38	46
	确认树种	33	141

建造后2年期间被确认的动物种群数　表8.21

	种群数	备注
昆虫类	28	
贝类	3	引入种
甲壳类	1	引入种
鱼类	9	引入种
两栖类	2	引入种
鸟类	10	

不同部位的维护管理标准　表8.22

部位	维护管理标准
园路、外围	时期：6月末、9月初、（10月中旬），2～3次/年。草的株高控制在5cm修剪
水畔	时期：6月末、9月初，2次/年。草的株高控制在10cm修剪
灌木丛	时期：6月末、9月初，2次/年。拔除攀爬性及株高较高的草本植物
湿地	7月末：拔除宽叶香蒲。10月中旬：宽叶香蒲过于茂盛时进行修剪

生境构成　　　　表8.23

绿地面积	950m²
池塘面积	100m²
构成要素	小溪、池塘、草地、树林
使用土壤	原有土壤
种植树种	
杂木林	麻栎、枹栎、朴树等
常绿树林	米槠、天竺桂、舟山新木姜子、小叶青冈等
果树园	杨梅、枣、桃子、栗子、苹果、桔子、柿子、香橙
其他	楮树、结香、茶树、枸橘、柿、毛杜鹃

游泳学院初、高中学校位于大阪市中心地区。规划设计将生态学（环境）与情感（感性）相融，以营造一个两者共鸣的居住环境为前提，通过"流水校舍"的设计，丰富和突出了感性空间。为培养未来栋梁的孩子们的感性思维，把校舍当作学习环境的教材，提出了生态学/情感学校=Ecology/Emotion School的设计概念。

设计中将小溪横贯于校舍之中，以水井为起点的流水，从生境开始变成小河，然后横穿校舍内部，在地下食堂前的平台上形成瀑布后成为终点。学生们每天早晨穿过横跨水体的桥梁进入学校，顺着小溪步入教室。小溪与日常行动路线形成一体，通过水的变化带动声音和光的韵律起伏、风的莎莎吹拂等五官感受，体验到大自然的恩惠，培养感性认知。

设计中还利用水的流动，将景观与环境技术融合在一起。从屋顶落下的雨水流到流淌着的水中，与水井的利用相结合，达到节约水资源的效果。溢出的水贮存到雨水存储池中，用于外环境及屋顶的绿地灌溉。雨水存储池也被用于冷热真空管的热交换，削减了空调的能源消耗。

绿地设置在该用地的周边并采用通透的栅栏，以便让当地的居民也能同时收获愉悦。

图8.70　生境全景

设计以大阪平野和生驹山脉的生态系统为基本框架,并与当地的生态系统形成网格布局。不仅在地表面种植了樟树、枹栎等30种当地原有树种,大约有200棵的树木,屋顶也积极地开展绿化,尽力确保绿地面积。该用地位于与大阪城墙相连的上町台地的端部,为绿化较少的大阪市区担当起回归自然的任务。

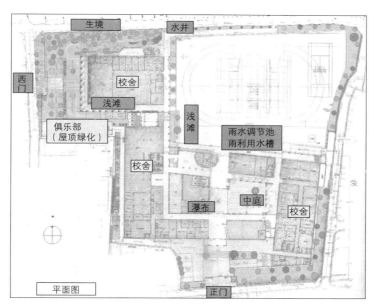

图8.71 总平面图

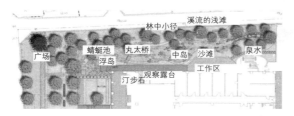

图8.72 生境平面图

图8.73 生境的剖面构成

生境构成　　　表8.24

绿地面积	1690m²
池塘面积	300m²
构成要素	小溪、池塘、草地、树林
与水相关的设备	
水源	井水、雨水、自来水
循环装置	有
净化装置	紫外线杀菌
动力源	商业电源
建筑概要	
建筑地址	大阪市生野区胜山北1丁目
用地面积	12636m²
竣工	2007年8月
业主	(学)游泳学院

8.7 公园的生境

8.7.1 丸池之里

用途：城市公园
所在地：东京都三鹰市
竣工时间：2002年3月

　　"丸池之里"是东京都三鹰市的一个城市公园，以神社为中心，设置了梅林、杂木林、开敞空地、"新川丸池公园"和"见晴景致山公园"，形成了一个在城市区域与周边的农田共同感受自然的环境。随着宅基地化发展而被填埋的丸池，因市民的呼吁而促动了政府对其进行专题研讨，从而重新获得了新生。

　　设计的目标是再现当地的人们在儿童时代伴着农活生存、接触生物、水边游戏的空间。其设计主题为：①以池塘为中心，提供一个再现风景和散步嬉戏的空间；②整治还原与周边地形连续一体的土丘、开敞平地，确保环境的多样性；③整治以水质净化为目的的大型湿地，并利用多种自然式施工方法整治水景空间。

图8.74　丸池中央部分

图8.75　小河

图8.76　桥与小河

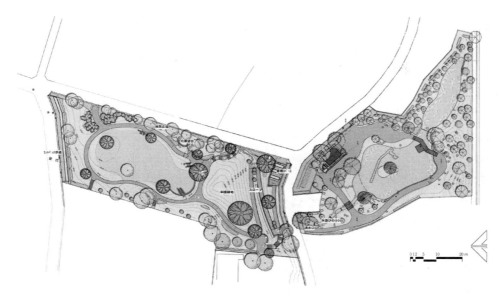

图8.77 平面图

生境构成   表8.25

绿地面积	2000m²
池塘面积	800m²
构成要素	池塘、小溪、湿地、草地
使用土壤	原有土壤
种植树种	小叶青冈、交让木、丹桂、麻栎、枹栎、昌化鹅耳枥、山樱、合欢、紫薇、柃木、西南卫矛、马醉木、胡枝子、棣棠、水菖蒲、黄菖蒲、野慈姑、具芒碎米莎草、光千屈菜、宽叶香蒲、灯芯草、菰
生物	
目标生物	蓝辛灰蜻、豆娘等蜻蜓类，圆臂大鼋蜻、豉甲等水生昆虫类，雨蛙、草蜥、日本石龙子等两栖爬虫类，斑嘴鸭、白鹭、普通翠鸟等鸟类
投放鱼类	麦穗鱼、兰氏鲫、泥鳅、花鲶、平颌鱲、条纹长臂虾、糠虾等
维护管理	专题研讨会时组建的组织机构向"跃动的村庄"改变，现在仍与维护管理及运营有着紧密联系。其成果就是，作为居民参与的街道建设接受全国的评价，获得了2002年度地区建设总务大臣表彰奖

建筑用途：昆虫观察馆（博物馆）
所在地：群马县桐生市
竣工时间：2005年7月

　　"群马昆虫之林"位于保护良好的偏僻山村环境中，桑田、杂木林、水田这三个区域，是在生态调查和环境评价的基础上开展的环境再生、修复计划中的设计重点。主体设施昆虫观察馆的建设用地，是由工业废弃物的填埋场大规模改造而成的，而区域内的富士山沼泽则作为生物生息地保留下来，从现状地形到改造地形的演替空间，则通过创造和修复多样的生态空间，营造出一个与设施入口空间相协调的生态展示空间。

　　在土地整治上，结合地域环境，通过移植邻近的草地及根株移植，使用间伐木材及施工现场产生的石材等方法整治设施和植栽。另外，多种形式的水系这一重要环境要素，是通过降雨形成的地下水与农业用水的复合利用方式实现了近乎自然的流动水系。同时，这些水系与周边的部分农业水系相连，实现了生态性衔接。

图8.78　生态池

图8.79　平面图

生境的构成　　　　　　　　　　　　　　　　　　　　　　表8.26

绿地面积	480000m²
构成要素	
杂木林区域	200000m²
桑田区域	50000m²
水田区域	120000m²
富士山沼泽区域	110000m²
主要树种	
杂木林区域	赤松、麻栎、枹栎
桑田区域	山桑、梅、日本栗、柿树
水田区域	小叶青冈、柳树类
富士山沼泽区域	麻栎、枹栎、安息香、鹅耳枥
杂木林区域	大乔木层的清除间伐，改良森林地被层，提高生态环境品质，整治观察重点部分和路径
桑田区域	移建赤城式传统古民宅，再整治庭院前空间、果树园、桑田等，创建体验农业空间的场所和与生物的互动场所
水田区域	重新整理水田的功能划分区块，扩大规模，营建草地环境，并营造一个可供团队活动使用的环境
富士山沼泽区域	再生与杂木林区域相衔接的地形，地形与建筑一体化设计，结合无障碍设计平整出入口园路，使用当地产石材，通过多孔质护坡营造出一个生物汇集的空间，实施墙体绿化
生物	
目标生物	双叉犀金龟、大扁锹形虫等甲虫类 大紫蛱蝶、大绢斑蝶等蝴蝶类 巨圆臂大蜓、碧伟蜓等蜻蜓类 萤火虫、圆臂大鼋蝽等水生昆虫类 与上述昆虫生息有关的鸟类和鱼类
维护管理与运营	定期开展环境监测，并将结果有效利用在管理运营中。另外，县民参与型的设施，则向县民广泛召集义工，这些义工能参与自然观察的解说并指导体验活动，同时也能参与到生物生息环境的营建以及昆虫饲料补给等维护管理工作和园区创建等运营工作

8.7.3 国营昭和纪念公园 "树影婆娑之丘"、"树影婆娑之里"、"蜻蜓湿地"

建筑用途：公园绿地
所在地：东京都立川市昭岛市
竣工时间：1983年开始逐渐提供使用

国营昭和纪念公园以北部区域为中心，市民一直参与策划、整治甚至管理运营并持续不断地再生了武藏野的自然环境。"树影婆娑之丘"是1993～1994年间，约4000位市民种植苗木的区域。其后，每年约300位市民加入到帮手行列中。除了独角仙和锹形虫以外，还再生出一个能让大量动植物生长繁衍的杂木林。"树影婆娑之里"再现了田野和池塘，继承了到1955年为止农村的想象风景及生活智慧、生态系统。1989年提供使用的"蜻蜓湿地"，到目前为止，已确认有20种以上的生物，这里也成为赤蛙类的产卵场所和青鳉、水鸟等的栖息地。

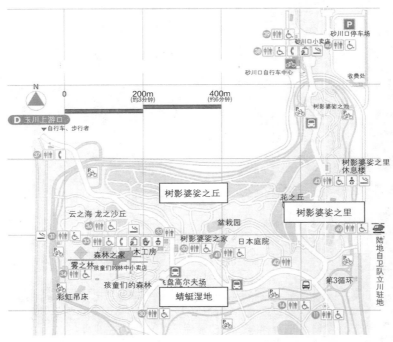

图8.80 "树影婆娑之丘"、"树影婆娑之里"、"蜻蜓湿地"的布局
[（财）公园绿地管理财团昭和管理中心提供]

图8.81 1993年市民参与苗木种植

图8.82 市民做帮手（剪枝）

图8.83 市民做帮手（定期修剪）

图8.84　苗木栽植18年后，植被和动植物被再生的杂木林。在山间小路上踏青远足的幼儿园孩子们
[（财）公园绿地管理财团昭和管理中心提供]

图8.85　市民的参与推动了"树影婆娑之里"的
整治（2002年）

图8.86　营建"树影婆娑之里"的市民
新闻

图8.87　竣工后第3年的"蜻蜓湿地"

2012年当年，迎来了第27个年头。市
街区已成为赤蛙及蜻蜓类等的宝贵居所。

8.7.4　曳舟川亲水公园"青鳉鱼小径"

用途：公园绿地
所在地：东京都葛饰区
竣工时间：1997年

　　曳舟川是江户幕府在明历3年（1657年）大火之后，为给本所、深川方向的新市街区提供水源而开设的水路。昭和时代是三面砌成混凝土式的城市河流，到了平成时代，在原有水路上增设了下水道和防火池，而在其上段再现了一条小河。再现的河流，位于交通量较大的国道6号线与首都高速中央环线交叉的四木4丁目附近，延伸长度为225m的区间内。

　　在这里，日常能看到的青鳉鱼、黑玉蜻蜓等生物以及雨久花、千屈菜等水生植物已经定居下来并形成了食物链，因而抑制了周边市街区有害生物的出现，同时也成为学习环境的主要据点。为此，在河道宽为5～10m的河流范围内设置了浅滩、积水坑、河堤、湿地区域等中型构造和小型构造。构造采用了流水与下水管道的一部分管道相贯通，并利用水泵抽取一级河流中川的原水，溢出部分流入荒川的形式。草丛修剪、清除淤泥等的养护管理以及定居动植物的环境监测调查工作，由区政府及当地自然保护团体协助，通过学习交流会等方式来实施。

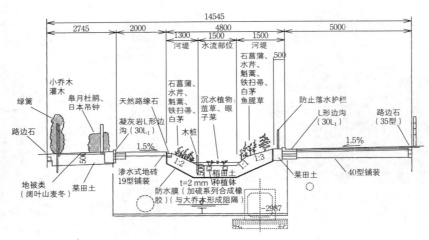

图8.88　设计剖面

图8.89　中、小型构造施工

图8.90　底层土壤的均匀敷设与辗压

图8.91　为形成多孔质空间，基础施工采用堆石护坡及散放石块

图8.92　最下游部分控制流速用的石筐、水底散放石块施工

图8.93　竣工时，雨久花、眼子菜、青鳉、泥鳅等自然定居下来的市街区的小河

图8.94　竣工时的景观

图8.95　导向标识牌

参考文献

养父志乃夫：生境再生技术入门、（社）农山渔村文化协会，2006

参 考 文 献

■ 第 1 章

[1] 環境省：21世紀環境立国戦略，2007.6
[2] 環境省：第1次循環型社会形成推進基本計画，2003.3
[3] 環境省：第2次循環型社会形成推進基本計画，2008.5
[4] 環境省：第3次環境基本計画，2006.4
[5] 日本建築学会：水環境小委員会　第24回水環境シンポジウム　循環型システムにおける水と緑，2000.3
[6] 日本建築学会：水環境小委員会　第26回水環境シンポジウム　ビオトープと水景施設，2003.2
[7] 環境省：第3次生物多様性国家戦略，2007
[8] 環境省：生物多様性民間参画ガイドライン，2009
[9] 経済産業省編：エネルギー白書2010，2010
[10] 日刊温暖化新聞：基本データ集「世界と日本の二酸化炭素（CO_2）排出量」，http://daily-ondanka.com/basic/data_05.html（2011年11月12日閲覧）
[11] （社）空気調和・衛生工学会地球環境に関する委員会編：持続可能な社会を支える建築設備のため，1997
[12] 岡田誠之：水系施設における消費電力量の推定，日本水環境学会大会予稿集，p.558，2001
[13] （社）日本水道協会編：水道統計施設・業務　平成11年度
[14] （社）日本下水道協会編：下水統計平成11年度　同平成20年度
[15] （財）日本緑化センター：緑化センター編，（財）建設物価調査会　平成11年
[16] 秋田市：新エネルギーの種類と分類および利用方法　http://www.city.akita.akita.jp/city/ev/rc/energy/ene03.pdf（2012年5月4日閲覧）
[17] 棚沢一郎：未利用エネルギーの活用とその課題，空気調和・衛生工学 V66，6，1992.6
[18] 厚生労働省編：日本の廃棄物処理　平成22年度版

■ 第 2 章

[1] 紀谷文樹：水辺と都市のアメニティ，都市問題研究，第52巻，第8号，2000.8
[2] 紀谷文樹：水利用計画と水リサイクル，第24回水環境シンポジウム「循環型システムにおける水と緑」テキスト，pp.3-8，2000.3
[3] 浅野孝，丹保憲仁　監修：水環境の工学と再利用，北海道大学図書刊行会，1999.9

[4] 日本建築学会編：建築環境工学用教材・環境編，日本建築学会，p. 84 1995.2

[5] 国土交通省水資源部：平成 23 年版日本の水資源，p. 63 2012

[6] 田澤，栗原：排水再利用システムの計画・設計と運営管理に関する研究，空気調和・衛生工学会論文集，No. 58 pp. 163-174，1995.6

[7] 安立，紀谷：住宅地の水収支に関わる研究，空気調和・衛生工学会論文集，No. 36 pp. 79-92，1988.2

[8] 内田，紀谷：雑用水施設の設置条件に伴う地域内外での負荷量の変化と特徴，日本建築学会計画系論文集，第 463 号，pp. 47-54，1994.9

[9] 洪，紀谷：複合ビルにおける排水再利用設備の運転状況の解析とその最適化の検討，日本建築学会計画系論文集，第 455 号，pp. 31-36，1994.1

[10] 洪，紀谷：複合ビルにおける排水再利用設備の運転状況の解析と適正運転制御の提案，日本建築学会計画系論文集，第 465 号，pp. 43-48，1994.11

[11] 斎藤ほか：地域における給排水システムの運転制御及び給排水負荷の予測に関する研究，日本建築学会計画系論文集，第 511 号，pp. 53-59，1998.9

[12] 中島，紀谷，仁平：三訂版建築設備，朝倉書店，p. 321 1995.11

[13] 紀谷：ミニマム水量に関する検討と提案，空気調和・衛生工学会論文集 No. 42 1990.2

[14] 日本建築学会編：建築と水のレイアウト，彰国社，1984.4

[15] 4) に同じ（人間環境とディテール 4. 水，ディテール 44 号，特集 I，彰国社，1975)

第 3 章

[1] 浅香英昭・小瀬博之：ビオトープ景観の構成要素と評価に関する研究，日本建築学会関東支部 2003 年度研究発表会研究報告集 I，4005 pp. 527-530，2004.2

[2] 水谷敦司：ビオトープ的視点から見た水景施設の分類に関する一考察，第 26 回水環境シンポジウム「ビオトープと水景施設」，日本建築学会，pp. 11-18，2003.2

[3] 小瀬博之：ビオトープと水景施設，第 26 回水環境シンポジウム「ビオトープと水景施設」，pp. 3-10，2003.2

第 4 章

[1] 養父志乃夫：ビオトープづくり実践帳，誠文堂新光社，2010

[2] 大澤啓志，勝野武彦：生態系と景観，2003

[3] 亀山章：生態工学，朝倉書店，2002

[4] 亀山章：エコロード，ソフトサイエンス社，1997

[5] 養父志乃夫：自然生態工学入門，（社）農山漁村文化協会，2002

[6] 武内和彦：地域の生態学，朝倉書店，1991

[7] 沼田真：生態学辞典，築地書館，1974

[8] 杉山恵一，福留脩文：ビオトープの構造，朝倉書店，1999

[9] 樋口広芳ほか：Serix，7，pp. 193-202，1988

[10] 養父志乃夫：ビオトープ再生技術入門，(社)農山漁村文化協会，2006

■ 第 5 章

[1] 杉山恵一，進士五十八：自然環境復元の技術，朝倉書店，pp. 159-162，1992

[2] 日置佳之：平成 9 年度日本造園学会全国大会シンポジウム・分科会講演集「生きもの技術とビオトープ計画」，日本造園学会，pp. 25-30，1997

■ 第 6 章

[1] 杉山恵一，牧恒雄：野生を呼び戻すビオガーデン入門，(社)農山漁村文化協会，pp. 18-30，1998

[2] 杉山恵一・牧恒雄：野生を呼び戻すビオガーデン入門，(社)農山漁村文化協会，pp. 32-37，1998

[3] 杉山恵一・牧恒雄：野生を呼び戻すビオガーデン入門，(社)農山漁村文化協会，pp. 52-57，1998

[4] 美濃又哲男：土壌ひとくちメモ，日本ランドスケープフォーラム「土壌研究会」，2001~2002

[5] 養父志乃夫著：生きものをわが家に招くホームビオトープ入門，(社)農山漁村文化協会，2003

■ 第 7 章

[1] 小瀬博之：ビオトープと水景施設，第 26 回水環境シンポジウム「ビオトープと水景施設」，pp. 3-10，日本建築学会，2003.2

[2] 小瀬博之：環境にやさしい水利用，建築環境のデザインと設備，pp. 193-199，市ヶ谷出版社，2004

[3] 環境共生住宅推進協議会：Symbiotic Housing ONLINE 版-1998 SUMMER No. 1，事例紹介，http://www.kkj.or.jp/contents/check_publication/symbiotic/98autumn/ehr980803.html，2011年 7 月 27 日閲覧

[4] 須藤哲：ビオトープの計画・設計，管理，第 26 回水環境シンポジウム「ビオトープと水景施設」，日本建築学会，2003.2

[5] 亀山章，倉本宣：エコパーク―生き物のいる公園づくり―，ソフトサイエンス社，1998

[6] 小瀬博之：ビオトープと給排水，給排水設備研究，Vol. 19 No. 1，pp. 3-7，給排水設備研究会，2002.4

[7] 猪又和夫：ビオトープと水景施設，第26回水環境シンポジウム「ビオトープと水景施設」，日本建築学会，pp. 35-44，2003.2

[8] I社　浄化技術資料及びカタログ

[9] 水景技術標準（案）解説　第4版　平成21年12月，一般社団法人　日本水景協会，pp. 13-18，P 94

[10] 建設大臣官房官庁営繕部監修：排水再利用・雨水利用システム計画基準・同解説，社団法人　公共建築協会，pp. 5-7，平成16年版，2004

[11] 国土交通省都市・地域整備局下水道部及び国土交通省国土技術政策総合研究所：下水処理水の再利用水水質基準等マニュアル，p. 12，2005.4

[12] 社団法人　空気調和・衛生工学会：空気調和・衛生工学便覧　第4篇，第14版，給排水衛生特殊設備，第17章　p. 467，2010

[13] 厚生省生活衛生局企画課監修：新版レジオネラ症防止指針，財団法人　ビル管理教育センター，pp. 77-78，2000.3

[14] 浅野陽子ほか9名：水景施設の形態とLegionellaなどの細菌分布，第29回建築物環境衛生管理技術研究集会，論文-17，pp. 50-51，2002.1

[15] 柾木文行ほか9名：水景施設の温度変動とLegionella分布，第29回建築物環境衛生管理技術研究集会，論文-18，pp. 52-53，2002.1

[16] 室内空気中の微生物汚染に関する調査研究報告書，財団法人　ビル管理教育センター　平成12年度厚生学科研究助成金，pp. 159-162，2001.3

[17] 室内空気中の微生物防止対策に関する調査研究報告書，財団法人　ビル管理教育センター　平成13年度厚生学科研究費助成金，pp. 93-95，2002.3

[18]「設備総合管理業務委託契約書」，付・標準設備総合管理業務仕様書〈第3版〉，公益社団法人　全国ビルメンテナンス協会，2010.1